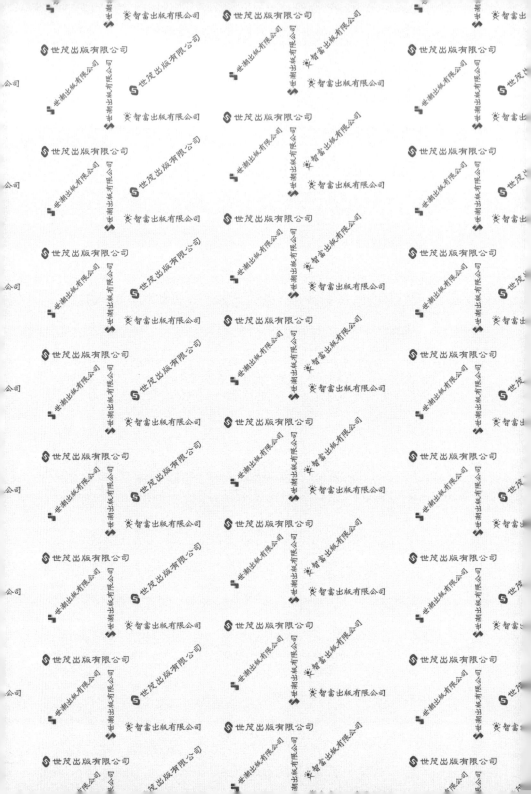

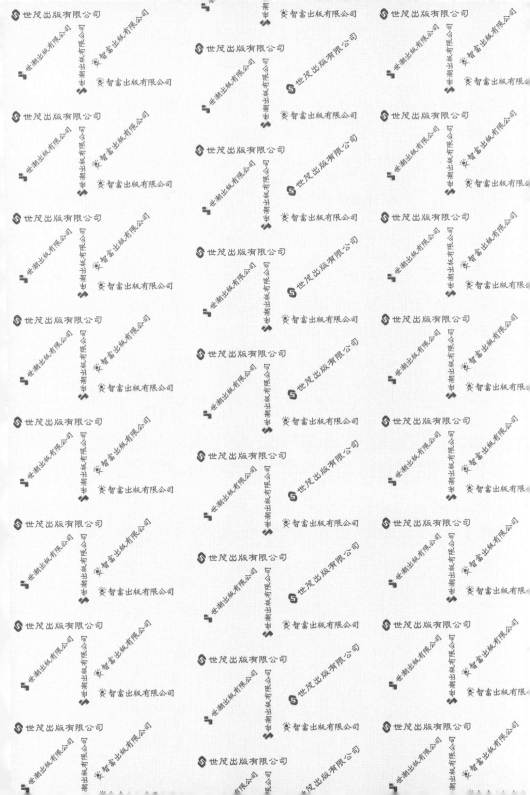

# 世界第一簡單
# 專案管理

広兼　修◎著
さぬきやん◎作畫
TREND・PRO◎製作
陳銘博◎翻譯

## 前言

本書是專案管理的入門書，設定的目標讀者包括：

· 在工作上或學校裡需要進行專案的構思規劃·計劃·推動
· 今後在工作上可能會被委任為專案經理
· 想要概略了解專案管理這受人矚目的商業技能
· 為了讓家族旅行、結婚典禮、考試準備等生活中的專案成功實行，而想要活用專案管理的知識及技能

而對於早已在學習、實踐專案管理的人，本書也能夠幫助快速地復習、確認專案管理的知識及技能。

「專案」類型的工作近來日趨頻繁，而所謂的專案管理，指的就是為了讓「專案」成功所進行的活動。除了大樓建設和火箭開發這類大型專案需要專案管理，就算只有幾個人在進行的專案，同樣也需要專案管理。而當我們將專案管理的知識與技能利用在日常生活中，就能夠獲得接近當初預想的成果。換句話說，專案管理對每個人都是有助益的。

本書共有6章，原則上各章是由「漫畫部分」以及補充說明漫畫的「文章解說部分」所構成。本書的編寫是希望讀者能夠僅閱讀漫畫就能理解專案管理的概要，若讀者希望能有更進一步的理解，就請繼續閱讀補充說明的文章。

如果透過本書能讓讀者覺得「專案管理不論是誰都能做得到，不僅可以用在工作上，在生活中也能派上用場」，我想沒有比這更能讓我高興的事了。

藉此機會，我要感謝給予我執筆本書機會的OHM社公司各位夥伴，還要感謝負責漫畫部分的TREND·PRO公司、負責撰寫腳本的akino老師、負責繪製漫畫的sanukiyan老師。此外，我還要感謝在執筆本書之際提供建議的前同事能美容子小姐、上見雅孝先生、福島豐先生，以及敝公司的共同經營者本部政利先生。最後，由於本書的漫畫是採用電腦遊戲業界的遊戲製作專案做為說明的題材，但在考量一本解說書籍應為容易理解為優先，漫畫裡的專案任務分配和實際業界並不完全相同，請各位讀者諒解。

FUSION股份有限公司　広兼　修

# 目次

本書依照《專案管理知識體系指南（PMBOK Guide®）第四版》編寫。

序 章

2

應該是我要請您多多指教！對了，這是我的履歷表。

你的本名是中井直央嗎？

是…

非常謝謝妳的稱讚…

轟動網路界的同人遊戲製作者——零男。

想不到那麼創新的遊戲，竟然是由學生寫出來的，真是太厲害了！

雖然還在唸大學，但能持續每年推出兩款新的系列遊戲，這管理能力值得讚賞。

很抱歉突然就寫 Email 約你出來。零男…不對，要叫你中井。

當我知道你今年是大四，而且畢業後的工作還沒決定時，

我就興奮得睡不著睡。

鷺宮小姐寄 Email 給我是一個星期前的事…

那時我並沒在為畢業後的就職做什麼準備，只是整天關在房間裡寫遊戲。

某天突然收到鷺宮小姐的邀請，「要不要來我們公司上班？」

ENCOUNT 是目前遊戲業界公認最具成長性的冒險遊戲製作公司。

這間公司並非是負責銷售遊戲的發行商，而是遊戲開發公司，主要是在開發掌上型遊戲機 Joy Portable（JP）的專用遊戲。

ENCOUNT 開發的遊戲，我都有在玩。

尤其是「奇幻妖精傳」，我已經玩超過 500 個小時了。

真的嗎!?

那麼龐大的遊戲，不是一個人可以寫出來的…

的確如此。那你想要製作看看這樣的遊戲嗎？

！

其實我有一個已經構思很久的JP遊戲企劃案喔!

可是,這遊戲光靠我一個人是弄不出來的…

「兔與花之世界企劃書」

這是我的企劃書。

翻開

應用 JP 的 GPS 功能?新類型的遊戲!?

「實境 RPG」,這構想實在太棒了!一定能大受歡迎!

謝謝妳的讚美!

你要不要和ENCOUNT的優秀員工們一起實現這個企劃案？

中井，就由你來擔任專案經理！

咦？我嗎!?

大驚

沒錯！

這遊戲是你的點子，所以我想讓你來統籌遊戲的製作，負責專案管理。

呃…請問一下，妳說的專案管理，是什麼啊？

專案管理是運用各種知識和技術，使專案能夠成功，所進行的工作。

啥？

如果是獨力製作遊戲，或許用不到專案管理⋯⋯

但遊戲公司在商業考量下，專案管理是製作遊戲時不可或缺的。

專案管理

原來還有這回事？

遊戲公司在組織專案團隊進行遊戲製作時，

美術設計

許多美術設計、程式設計、音樂等專業技術者，都會參與專案團隊，

程式設計

音效

眾人必須合作協調，以進行作業。

企劃

業務

原來如此⋯

時程規劃

預算

品質

除此之外，還有預算、時程、品質等各種必須嚴守的條件。

若執行計畫時，整體無法達到平衡，專案就無法成功。

怎麼感覺限制非常多的樣子…

在商業考量下製作遊戲，

就必須將個人喜好和情緒放在一邊，把專案的成功放到第一順位！

咦…

中井，你寫遊戲的目的是什麼？

因為我想寫，除此之外沒別的理由…

真的嗎？難道沒有其他更重要的理由嗎？

非常誠實呢！

放心吧！
你一定能成為
一位出色的專
案經理！

呵呵

我知道了。

**我會努力的！**

就這樣，
我成了一位
專案經理。

CHAPTER 1

# 第1章 專案是什麼

Project Scope Management

Project Time Management

Project Cost Management

Project Quality Management

Project Human Resource Management

Pro Commun Manage

## ◆ 1-1 專案的定義

從今天起，你就是我們公司的一員了！多多指教囉！

請您多多指教！不過我還沒有什麼真實感…

對於你上次給我看的企劃書…

我們來看看今後要怎麼進行，該怎麼調整才好？

喀噠

喀噠

好的…

「專案」的英文是「project」，你知道是什麼意思嗎？

直譯，應該是「計劃」吧？

沒錯。但專案管理所說的專案,有著更加嚴謹的定義。

定義?

是的。例如美國專案管理協會,就將專案定義為:

「為創造出獨特的產品、服務、成果,而進行的有期限工作」。

什麼意思?

簡單地說,就是「在一定的期限內,製作出嶄新的產品」,這個工作就稱為專案。

嶄新的產品?

13

奇幻妖精傳

倒數計時

城市之巔

製造已經存在的產品，或是進行定型化的工作，稱為「例行性業務」，不算是專案。

而遊戲則是每一款都具有獨特性，又必須在規定的期限內製作出來，所以製作遊戲就是屬於專案形式的工作。

原來如此。

企劃

美術設計

音效

業務

程式設計

此外，和專案有關的人會很多。

預算

時程規劃
10月

品質

專案還有一個特徵，就是必須在預算、時程、品質等各種的

限制和條件之下，以成功為目標，進行各種活動。

唔～看來要考慮很多事情！

因此，
就必須要學習
「專案管理」。

上次有提到，所謂
的專案管理就是，

「運用各種知識、技能
和工具，使專案能夠成
功，所進行的活動」。

可是，由於專案是
有獨特性的，

那麼要讓各個專案成功，
所需進行的活動也會不
同，所以要學會專案管
理，根本就不可能吧？

嗯。雖然專案具有獨特
性，但還是具有某種程
度的共通點。

調查、整理過去的成功專案
和失敗專案之後，我們歸納
出一些經驗法則，進行專案
時，只要遵循這些法則，就
能增加專案的成功率，

這些歸納出來的法則，稱爲
「專案管理知識體系」。

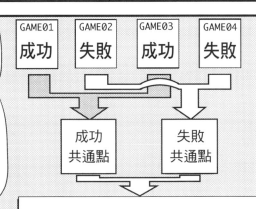

增加成功率的經驗法則

這世上有很多種的專案管理知識體系。

企業

各種組織

建立

建立

有企業根據過去所累積的經驗而建立起來的，

或是由專門研究專案的學者，或和專案有關的組織等，進行探討、規劃而建立起來的。

那我應該學哪一種專案管理知識體系？

我們就來學美國專案管理協會所建立的「PMBOK（Project Management Body of Knowledge）」吧！

事實上，這就是專案管理知識體系的標準！

PMBOK…!

PMBOK

專案管理標準

# ◆1-3　專案目的與成功基準

對了，我還沒提過這次的專案目的吧？

咦？讓遊戲順利完成，不就是目的嗎？

那只是最低要求，我希望這次的目的能夠再遠大一些！

遠大一些？賣出一百萬套之類的嗎？

那也是一種簡潔有力的指標，但與遊戲的矚目度及評價，並沒有直接關聯。

遊戲會議

初學者專用 APP 介紹智慧型手機

遊戲類型選單　　類型一覽［↓］　　　寫下你對這遊戲的評語▷

奇幻妖精傳

發行公司　ENCOUNT 股份有限公司
發售日　　20xx/02/03
價格　　　16 5,299 日圓（含稅）
分級　　　[18] 適合 12 歲以上（CERO 分級制度）
線上購買　AMOMOZAN
基本概要　■類型：動作 RPG
　　　　　■遊戲人數：1 人
　　　　　■限量包裝版：7,329 日圓

遊戲畫面截圖

城市之韻

所以我設定的目的
（objectives）是——
要在遊戲評論網站「遊戲會議」獲得 90 分以上的評價！

「遊戲會議」是個會毫不留情批評遊戲的投稿型網站，能夠獲得 90 分以上的遊戲，一整年下來屈指可數…

但獲得高評價的遊戲，必定會受到業界的注意，因此都會奪得遊戲獎項。

或許這個目的門檻很高，但我想非並辦不到。

……

難不成你怕了？

不…這反而激起了我的鬥志！

顫抖

還有，我希望你不要搞錯了專案經理的權責和任務。

喀嚓

什麼意思？

專案經理就是負責專案管理工作的人。

也就是說，對於具有獨特性，並且具有時程和預算等各種限制的專案工作，

擬定專案計畫，推動專案進行，調整專案內容等等，讓專案目的得以實現，引導專案邁向成功，這就是專案經理的權責。

**專案經理的權責**

時程
預算
↓
計畫
推動
調整
↓
實現目的

成功

戳

總而言之，我就像承包「專案」的工頭？

19

這麼說也可以！

請你絕對不要忘記，寫程式或是製作音樂等這類實際的作業，並不是你這位專案經理的權責，

而是專案團隊成員的權責。

也就是說，不需要親自動手做嗎？

喀噠

視專案的情形，有時專案經理會兼任專案團隊成員，實際下去參與作業。

但這次我希望你只要負責下決定，做決定，而實際的遊戲製作就交給公司裡擁有專門知識（Know-How）的同事們。

氣 勢

我會努力……

中井，
你知道對於專案經理
而言，最重要的能力
是什麼嗎？

我想應該不是寫程式
的能力，那是程式設
計師的工作⋯

說的沒錯。
正確答案是
溝通能力。

溝通能力⋯

業務

程式設計

企劃

美術設計

專案經理

參與專案有各式各樣
的人，因此專案經理
必須要能夠恰當地和專業人
員溝通，以進行作業內容的
確認、調整、委託等。

曾有人說過，專案經
理有八成以上的時間
是花在和人溝通。

專案經理的溝通對象，包括所有專案團隊成員，也就是整體「利害關係人」，因此必須要和各式各樣的人進行交涉。

利害關係人是什麼？

這我還沒說明過。所謂的利害關係人，指的就是和專案直接

相關的人，以及會因為專案的實施而受到影響的人。

會受到影響的人，指的是什麼？

指的是遊戲玩家和遊戲販賣商家的員工，遊戲雜誌等媒體的工作者等，都可以算是利害關係人。

成為專案經理，除了和專案團隊成員溝通，

也必須和其他的人進行溝通，是嗎？

利害關係人的範圍還真是大呢…

說的沒錯…

玩家和賣場店員的意見、期望，都會影響到專案，不是嗎？

不論我們製作出自認為有多棒的遊戲，也沒辦法獲得好的評價，這就代表專案目的無法達成。

「不想玩這種遊戲」、「我們不想賣這款遊戲」，他們若是這麼講，

就是這樣！我們來整理一下專案包含了哪些相關人員吧。

的確…自認為出色的遊戲，要想了解是否在客觀上是人們所期望的，

就必須傾聽專案團隊以外成員的意見。

## 利害關係人

### 和專案直接相關的人

[ 專案所有者 ]

負有該專案預算責任的人或是提供資金的企業，也稱為贊助者。

鷺宮麗華

[ 專案經理 ]

負責專案管理的人。

中井直央

[ 專案團隊成員 ]

按照專案經理的指示，以專案目標進行作業的人。

程式設計　美術設計　音效　　腳本

　…

### 受專案影響的人

[ 玩家 ]

[ 遊戲販賣商家 ]

[ 媒體工作者 ]

大概都整理進我腦子裡了。

那太好了！往後隨著工作的進行，我會再告訴你關於專案管理的知識。

麻煩妳了。

好的！

喀嗒

好了，機會難得，今天就幫你介紹一下專案團隊成員吧！跟著我到製作室去！

蹠

ENCOUNT
製作室

為各位介紹，他就是傳說中的中井。

傳說？

初次見面，我叫中井直央，從小就很喜歡玩遊戲，ENCOUNT的遊戲我全都玩過了！

今後請各位多多指教！

就像前幾天和各位說明過的一樣，在場的各位都將參與由他擔任專案經理的遊戲！

請大家簡單做個自我介紹吧。

我是負責美術設計的小川志織。

我叫拜島瑛太，負責音效，多多指教囉！叫我瑛太就好了！

不管是業界的事還是公司的事，不懂的都可以儘管問我。

我是負責文字部分的久米川悠季，職業是腳本編劇。

我並不是ENCOUNT的正職員工，這裡算是兼差。

我的名字是田無莉亞，負責的是程式設計，請多多指教。

但公司還是讓我參與這次的遊戲企劃。

這次的遊戲名稱是「兔與花之世界」，

就直接取名爲「兔與花之世界專案」吧。

嗯…如果有個別出心裁的名字就好了…

我覺得可以取名爲「零專案」，有這個專案是零男專案的感覺，如何？

這名字聽起來還蠻酷的呢！

零這個字，確實讓人有種什麼即將誕生的感覺……

那麼，就決定叫零專案！大家一起加油吧！

是！

# 延伸閱讀

## 專案的特徵

我們在電視、報紙、網路上看到「專案」這一名詞的機會變得愈來愈多，例如「承接國外的新幹線工程專案」、「水壩建設專案中止」、「建立災害重建專案」等句子或標題。

在現實生活裡，有不少公司都會進行「新產品開發專案」、「業務改善專案」等內部專案。如果讀者是學生，相信有很多人曾是「校慶專案」的執行成員，或是因為朋友參加過「偶像選秀專案」等而聽過或參與過所謂的專案。

專案這個名詞常常出現在我們的日常生活中。但到底什麼是專案？和工作及日常生活的活動（以下將這兩者合稱為「業務」）之間又有什麼不同呢？

美國的PMI（Project Management Institute 專案管理學會）是一專案管理機構，對專案的定義如下：

> 為創造出獨特的產品、服務、成果而實施的暫時性工作

定義中最重要的部分，在於專案是否和過往業務有所不同的「獨特性」，及代表專案的開始和結束是否有明確日期的「暫時性」。

一言以蔽之，專案具有「獨特性」及「暫時性」的特徵。

若以這兩個特徵來為業務分類，可以整理如下表 1-1。

**● 表 1-1　業務的分類**

| | | 獨特性 | |
|---|---|---|---|
| | | 有 | 無 |
| | | 專案 | 季節性業務等 |
| 暫時性 | 有 | （例）<br>・大樓的建設<br>・開發具有新功能的手機<br>・舉辦奧運<br>・學校校慶<br>・員工旅遊、社團集訓<br>・結婚典禮、聯誼 | （例）<br>・生產過年時祭拜用的年糕<br>・廟會時擺攤<br>・年終大掃除 |
| | | 發明等 | 例行性業務 |
| | 無 | （例）<br>・電燈泡的發明<br>・黃色炸藥的發明 | （例）<br>・汽車工廠裡的生產作業<br>・便利商店的收銀工作<br>・每天的打掃 |

是否有明確的開始和結束日期

是否不同於以往的工作

### 例行性業務的例子　汽車的生產

　　汽車的組裝生產屬於例行性業務，是為了生產品質均一的汽車，而由各部門作業人員使用既定的工具、遵照既定的作業步驟，依照既定設計所製造出來的零件，組裝在一起的業務，每一輛汽車的組裝作業程序或步驟是不會改變的。

### 專案的例子①　大樓的建設

　　建設公司接受想建造大樓的起造人委託，而在某一期限內（暫時性）進行大樓的建設。或許建設公司以前已建造過相類似的大樓，但建造地點並不會相同，建築工人、建造時期、起造人的期望也不會完全都相同（獨特性）。建設公司在建造每一棟委託建造的大樓時，都必須考量建造的不同條件與起造人的期望等。

### 專案的例子②　校慶

　　學校校慶會有既定的實施期間（暫時性），各種準備必須趕在舉辦日期前完成。基本準備作業每年都相去不遠，但執行委員會的成員和校慶主題則每年不同（獨特性）。必須配合校慶主題及內容來進行準備作業。

### 專案的例子③　員工旅遊等活動

　　公司主辦的員工旅遊和尾牙等活動，也可以視為是種專案。既然是由公司出預算舉辦，實施的目的就是在於促進員工間的交流。準備作業必須在員工旅遊開始日這一期限前完成（暫時性）。或許準備作業的步驟每次都會一樣，但每年的旅遊地點、住宿設施、各種安排及參加者都會不同（獨特性）。

## 專案管理知識體系

　　將具有獨特性的專案，導向成功，所進行的活動就是專案管理。在專案管理中，會利用各種知識、技能來調整及管理作業的步驟、時程、預算、成員等眾多相關的事項。

　　專案管理需要具備許多的知識和技能，因此非常重視具有豐富專案經驗人士的經驗和直覺。

　　而近幾年來由各種機構和企業，針對以往專案所做的調查和研究發現，其實不論是成功的專案還是失敗的專案，都有著某種程度的共通點。

　　整理這類調查和研究，並加以體系化，所獲得的結果，就是所謂的「專案管理知識體系」。

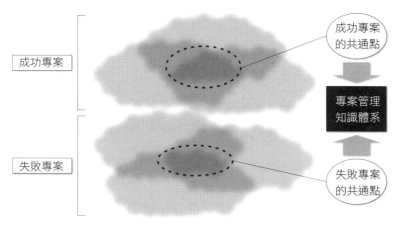

● 圖 1-1　專案管理知識體系

　　世界上有很多專案管理知識體系，有公開給大眾的專案管理知識體系，也有由企業自行建立、僅供內部使用的專案管理知識體系。公開給大眾的專案管理知識體系之中，最為普及的就是由美國PMI（Project Management Institute）系統化的PMBOK（Project Management Body of Knowledge）。

　　其他公開化的專案管理知識體系，還有日本專案管理協會的P2M、誕生於歐洲的ICB等等。本書是採用PMBOK來說明專案管理。

　　那麼，究竟專案管理知識體系包含哪些東西呢？

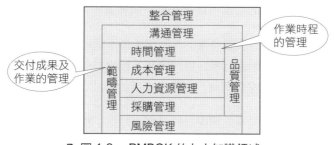

● 圖 1-2　PMBOK 的九大知識領域

如圖 1-2，在PMBOK裡將專案管理所需具備的知識，分成九大領域。

舉例來說，在範疇管理領域中，記載了專案成果的決定方法及必要作業的調查、進行方法。

而在時間管理領域中，則記載了可讓具有「暫時性」特徵的專案，在預定期間內結束的時程規劃方法及管理方法。

那麼專案管理知識體系是否網羅了專案的所有必要知識呢？是不是只要學了專案管理知識體系，不管是誰都能實踐專案管理，將專案導向成功呢？

很遺憾的，專案管理知識體系僅包含能夠使用在大多數專案裡的共通性內容，並不保證所有專案都能夠成功。

專案管理知識體系裡並沒有記載讓校慶活動成功舉辦所需的Know-How、作業項目、時程規劃，它所記載的是作業項目的調查方法、準備作業的時程規劃方法等。專案管理知識體系裡所記載的，是參考過去的相同專案來進行作業的計畫和實施。

既然專案具有獨特性這個特徵，那麼就不可能會「照著做就不會出差錯！」然而，藉由學習專案管理知識體系，運用過去相同專案的具體事例和過來人的知識，確實可以將專案導向成功的可能性提高。

## 將目的和成功基準明確化

「為了幫助求職和提升工作能力，我今年一要把英語學好！」很多人會在新的一年開始，下這樣子的決心。

每個人都不同於其他人（獨特性），因此，要以有限的一年期間（暫時性）來學好英語，所需的活動可以說就是一個專案。

若下決心進行「學好英語專案」，一年後是不是就真的能夠學好英語呢？很遺憾的，倘若直接開始進行學好英語專案，我想很多人是沒辦法獲得原本期待的結果，原因在於並沒有明確訂定出專案目的與成功基準（baseline）。

就如同曾在專案定義單元裡說過的，專案是為了實現目的。同樣都是想要學好英語，但每個人的意圖（＝目的）和想達到的英語程度（＝成功基準）並不相同。目的和成功基準若不相同，則所必要進行的活動也會不同，因此將專案的目的和成功基準予以明確化，是至為重要的一件事。

◆ 表 1-2　專案目的之例　（學好英語專案）

| 專案目的 | 目的① | 目的② | 目的③ |
|---|---|---|---|
| | 符合就職、升遷／升等的標準 | 觀賞英語影片時不需要配音或字幕 | 在工作中運用英語 |
| 成功基準 | ■英檢○級<br>■TOEIC○○○分 | ■聽得懂對話、能夠理解字句的使用和俚語 | ■到國外出差時能使用英語說明公司產品<br>■能夠以英語進行電話的應答 |
| 應進行的活動 | ●強化閱讀理解力<br>●強化聽力<br>●理解文法<br>●熟背單字、常用句 | ●強化聽力<br>●理解戲劇的時代背景等<br>●理解俚語 | ●學習商業活動所使用的英語<br>●學習電話應答所使用的英語 |
| 讀書方法 | 使用參考書 | 反覆觀看英語影片 | 參加英語會話班 |

## 專案經理的權責與需具備的能力

　　實踐專案管理，將專案導向成功，就是專案管理的任務。專案經理的權責就是利用過去的經驗與專案管理知識體系，進行專案作業內容、作業時程、預算、人員等的計畫與管理。例如，在大樓建設專案裡，起重機操作、焊接、配管工事是作業人員的工作，而不是專案經理的工作。專案經理要做的是思考能夠讓作業人員安全且有效率地進行作業的步驟，並按照計畫指示進行作業。

　　由於專案具有獨特性，因此常會發生無法順利照著計畫進行的情形。以大樓建設專案來說，專案過程裡會發生建材無法照預定時間運達或天候等因素，而導致作業無法進行等各種計畫外的狀況，因此，適當地確認作業能否照原定計畫進行，而變更作業步驟，或重新檢討計畫，是專案經理必須做的事。

　　擔負專案經理的任務，最需具備的能力是溝通能力。要讓專案成功，專案經理必須和專案的相關人員溝通，共同擁有專案目的和成功基準。

　　為了讓作業能按照計畫進行而下指示，或確認作業狀況，溝通是很重要的。

　　一聽到專案經理需要溝通能力，有人腦中就會想：「我不善於在大家面前說話，所以沒辦法成為專案經理！」但在世界上活躍的專案經理，有不少人個性文靜，覺得在人前說話是一件棘手的事呢。

相反地，擅長在大眾面前說話的人，反而不一定能夠成爲優秀的專案經理。因爲專案經理所需要的溝通能力，指的並不是要能說話風趣或口若懸河。

專案溝通的重點在於傾聽對方，正確地接收並理解對方的感受和想法，並以對方容易接收的方式，將自己的感受和想法傳達出去。

溝通能力是一種能夠透過學習而得到的技能。即使你現在覺得溝通是一件棘手的事，也能夠透過持續的適當學習，而確實提升溝通能力。

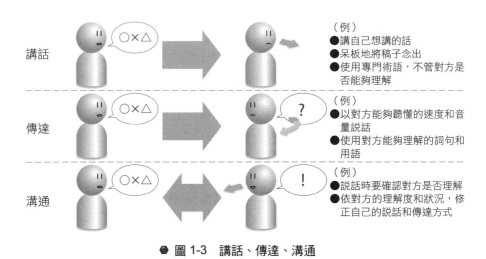

● 圖 1-3　講話、傳達、溝通

請你謹記，溝通是至爲重要的事，試著思考對方想要傳達的是什麼，自己該怎樣傳達，才能有助於溝通理解。

## 利害關係人的權責分類

許多專案都是由多位成員分擔權責，來進行專案作業。小型專案的作業人數可能是數位至數十位，而國家級的專案有時可能會達數萬人至數十萬人。

除此之外，還存在其他成員，雖然並不執行專案作業，但會給予專案各種影響，或是受到專案影響。我們將這些和專案有關係的所有人，統稱爲「利害關係人」，又稱爲「專案關係人」。

根據專案裡所負擔的權責，利害關係人分成以下幾類：

### ·專案所有者（owner）

指爲了獲得獨特成果而發起專案，提供所需資金等資源的人或組織，或稱爲「贊助者」（sponser）。

### ·專案經理

指負有管理專案職責的人。

### ·專案管理團隊

指進行專案管理的一群人。由支援專案經理的一群人，或專案團隊成員中擔任主管（leader）的一群人及專案經理所組成。

### ·專案團隊成員

指依照專案經理的指示，爲了專案目的（成功基準）的達成，而進行各種作業的人。

### ·專案團隊

指直接參與專案管理或作業的一群人。由專案所有者、專案經理、專案團隊成員所構成。

### ·其他利害關係人

指利用專案成果的一群人，間接支援專案之實施的一群人，因專案之實施而受到某些影響的一群人。

例如，擁有 100 名員工的公司，要企畫一個全體員工參加的員工旅遊，從準備作業，規劃旅遊的各種指示、協調，一直到回來的收尾工作，此「員工旅遊專案」所牽涉的利害關係人如圖 1-4 所示。

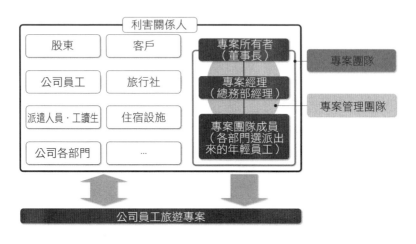

● 圖 1-4　利害關係人概要

CHAPTER 2

# 第**2**章　專案計畫

今後，「零專案」的進行就以現在集合在這的成員為中心。

目前已經決定的事項有「目的」、「遊戲構想」、「體制」三個。

首先是關於「目的」。這次要在遊戲評論網站「遊戲會議」拿到 90 以上的分數。

不意外喔…

的確像是社長會訂的目標…

時間是兩年！用兩年達到這個目的！

第二個是要做的「遊戲構想」。你們要研究、檢討中井提出的企畫案，進行具體的設計和製作。

第三個是「體制」。我是專案所有者，中井擔任專案經理。

田無、小川、拜島以及久米川則是專案團隊成員。

此外，你們也是各團隊的主管，要給中井支援。

中井確實是擁有製作遊戲的天份，但突然就要他擔任專案經理沒問題嗎？

正因為如此，所以你們的支援是不可或缺的！

而且我也會從基礎開始灌輸他專案管理的知識。

讓大家添麻煩了，今後請大家多幫忙。

大家一起合作，一定沒問題的。

遊戲本來就是由團隊一起製作的。

我想現在最重要的，就是擬定「專案計畫」。

專案計畫？

專案經理必須擬定一個專案計畫,以達成專案目的。

由我來擬定是嗎…不好意思,請問應該怎麼做比較好?

搖頭

首先就是明確地訂出要達成專案目的所必須實施的事項,

以及必須製作出來的成果等。

原來如此。

寫寫

| 必要作業 | 作業步驟 | 作業時間 | 作業時程 |
|---|---|---|---|

接著是詳細調查有哪些必要作業,

再來是預估每一項作業的順序及作業所需的時間,

以便將作業時程規劃出來。

除此之外，還要估算各項作業要花的費用，將整個專案的所需費用計算出來。

程式設計 音樂 美術設計

整體

可是我並不清楚各項作業需要的時間和時程…

那是當然的，我會幫你。

另外，還必須要選出進行作業的成員，

如果要將部分的製作外包出去，則必須進行相關的準備。

還有，也必須構思確保遊戲品質的方法。

要先設想有哪些狀態或狀況，會讓所擬定的計畫無法照原始規劃進行，以思考因應對策。

剛提到的東西，可是全都要整理到「專案計畫書」裡喔。

原、原來如此…

將專案的目的，也就是想要達成什麼放在心裡，將專案從頭到尾在腦子裡模擬過一遍。

不用擔心！為什麼要擬定專案計畫？就是為了要釐清不明之處！

啵

就算做得到，但老實說，專案是讓人摸不著頭緒的事情…

這樣嗎？

具體的專案計畫擬定步驟大概就像這樣！

## 專案目的

① 範疇定義
將實現目標所需的成果等，予以明確化

② 建構 WBS
將成果等進行細部分解

③ 活動定義
將製作成果所需的作業等予以明確化

④ 排定活動的順序
將製作成果的作業順序予以明確化

⑤ 估計需求資源與時間
估計實施各項作業所需的資源與時間

⑥ 規劃時程
規劃實現目的所需的作業時程

⑦ 估計成本
算出實現目的所需的成本

⑧ 制定其他計畫
研究採購、品質、風險、體制等計畫

專案計畫書

這一堆全都由我一個人整理嗎？

當然不是！遊戲製作是要團隊合作的！

所以可以找我們幫忙啊！

專案管理並不是由專案經理一個人進行，

如果自己的知識、經驗不足以應付，可以盡量尋求眾人的協助。

好…的，我明白了……

吞口水

現在應該開始做的事情，是從頭到尾把這個專案整理一次，

一起想想，實現目標需要注意什麼？

是否有哪裡存在著不確定的部分？先凝聚大家的共識。

這個專案目的是在「遊戲會議」網站拿到90分以上的分數，

要達到這目的，首要的是什麼…

這種評論網站會直接反映出遊戲玩家最直接的心聲…

遊戲會議

**90分**

奇幻妖精傳

沒錯！所以我們必須傾聽玩家和接觸遊戲者的意見。

在中井的企畫書裡，關於這部分尚有許多不足，不能只從遊戲製作者的角度出發。

也就是說，只是想著要製作自己想做的遊戲，這是不行的。

精傳意見調查表

以玩家的意見來說，

公司過去已經收集了很多問卷調查結果。

我想想…
我想玩「惡龍終結者」！
還有「隨行怪獸」！

都不是
ENCOUNT
出的遊戲…

那麼…你希望以後出
什麼樣的遊戲呢？

有很酷的劍，還有很
多魔法的遊戲！

怎麼現在還
會有人想玩
那種王道奇
幻遊戲!?

糟糕！
兔與花之世界
走的是未來風
的設定…

請媽媽也說幾
句話吧。

伸

能夠抽中遊戲機，我當然很高興，但希望不會因此他就一直窩在家裡玩遊戲…

我還是希望他能夠和朋友們一起到戶外朝氣蓬勃地玩耍。

媽媽說的還真是直接！不過，如果是運用 GPS 的遊戲，是不是就能夠解決不出門的問題？

ENCOUNT
休息室

辛苦你了！

做自己不習慣的事會累死人…

呼呼——

哎呀！我是想讓你好好欣賞才沒換下來的，你不想看嗎？

你還真是老實…

妳那套衣服是打算穿到什麼時候啊？

妳在胡說八道什麼!?

轉頭

喀嚓

辛苦你們兩位了！
唉呀！
真的是託福，社長親自出馬，才讓活動這麼熱鬧。

喀嚓

來了不少遊戲報導記者喔！

這樣是再好不過的了！

我真的希望客人能夠多來店裡！

請你們製作一些能夠將客人聚集到店裡來的遊戲好嗎？

哪有那麼簡…

啊！

有件事我很好奇，想請教一下店長。

我從台上看到，店頭擺的「JP連結站」前面一直有很多人…

是呀，那是因為現在正在送「隨行怪獸」的新怪獸，所以人才會那麼多！

對我們賣場來說，非常歡迎這種類型的遊戲！

……

原來如此！

店長，請你期待我們的下個作品吧！

……

原來並不是「做出有趣的遊戲就夠了」這麼單純啊…

能夠明白這道理，這次就算有收穫了！

但話說回來，每個人都是想到什麼就說什麼…

呵～這是沒辦法的呀。在專案管理中，必須將利害關係人的「需求事項」，

也就是不管是什麼樣的期望，都要確認整理過喔。

問卷調查的結果顯示，

現在的玩家對於標新立異的世界觀和複雜的遊戲系統，已經感到厭倦了。

簡單地說，有「回到原點」的傾向。

對了，來參加活動的那個男孩，

他那時說他想玩的是有劍和魔法的奇幻風遊戲…

我想想…我想玩「惡龍終結者」！還有「隨行怪獸」！

對我們而言，這是再普通不過的設定了，

但對更年輕一代的人而言，反而會覺得新鮮…

我來把需求事項
重新歸納一下…

寫
寫

【需求事項】

· 回到原點的世界觀設定

· 不會窩在家裡＝能夠到戶外和朋友一起玩的
遊戲

· 創造能讓更多客人聚集到遊戲賣場的遊戲類型

這些東西靠我們的腦袋
是很難想出來的！

你是不是已經想到
有什麼點子可以滿
足這些需求？

有！我們將世界觀
改爲奇幻風，

然後配合 GPS 功
能，讓設置在全國
各賣場裡的 JP 連
結站。擁有像是

「寶箱」的功能，而
限量裝備只有到特定
的地方才能下載，你
們覺得如何？

這想法不錯！這樣一來就像是到處收集紀念印章一樣，

讓父母帶著小孩子出門，到店裡去的人就會增加！

那麼，我會在下次開會前將資料整理好。

## ◆2-3　調查與分析

會議當天

需求事項也仔細地整理成了文件…

真不愧是中井！變得更讓人期待了呢！

把舞台從近未來風改成中世紀風，很大膽的判斷，但我覺得這樣絕對更好！

那麼，接下來要定義「範疇」，

定義後就開始建構「WBS」！

各位應該都曉得所謂的範疇，指的就是實現專案目的所應獲得的成果和必要的作業。

**範疇**

實現專案目的所應獲得的成果和必要的作業

**WBS**

將成果和作業細分成小單位，以方便管理

WBS 是 Work Breakdown Structure（工作分解結構）的縮寫，指的是為了便於管理而將成果和作業細分成小單位而產生的結構。

這些是前不久才從社長那裡學來的…

程式設計　　音效　　美術設計

奇幻妖精傳

要是範疇的定義不明確，

就會製作出和專案成功所需成果不同規格的東西，

或是漏掉了什麼必要的作業，

這些都會和時程的延誤及預算的超支直接關聯，因此絕不可輕忽範疇定義的重要性。

那麼…應該怎麼樣決定範疇才好呢？

年內達成專案目標
範圍結束作業寫
到 JP（Portable）

環境為○○公司開發
憶體

以收集到的需要事項等資料做基礎，研究有哪些應獲得的成果和必要作業，

把這些詳細地記載到「專案範疇說明書」裡，大致上就像我寫的這樣：

## 零專案　專案範疇說明書

### ■ 範疇的成果／作業及驗收標準

1. 玩家等對象的期望調查結果
2. 遊戲軟體（試玩版）…能夠用來判斷產品完成度的內容
3. 規格書…記載有軟體製作時的最低要求事項
4. 遊戲軟體（完成版）…通過公司內部的所有預定測試
5. 操作手冊、包裝盒原稿…能夠用來委託製造部門進行裝訂、包裝等作業的內容和品質
6. 宣傳等的行銷企畫書…指為實現本專案目標提供貢獻的具體內容

### ■ 其他範疇事項

・ 決定遊戲軟體的價格…由社長另行研究、決定
・ 業務、行銷的企畫及推動…專案部分僅做這些活動的支援
・ 產品的製造、流通…由其他部門負責，團隊只負責到遊戲母片的製作

### ■ 限制條件

・ 專案開始兩年內達成專案目標
・ 在規定的預算內結束作業
・ 遊戲使用 JP（Joy Portable）的 GPS 功能

### ■ 前提條件

・ 遊戲運行環境為○○公司開發的 JP（Joy Portable）的△△型號，具 GPS 功能、內建□□以上的記憶體

關於遊戲的內容、包裝盒、遊戲導覽、宣傳活動，

要把這些都視為是本專案的範疇一併思考。

遊戲軟體的價格，因爲和公司的經營直接關聯，

所以排除在本專案的範疇之外，我會另外研究。

我明白了。

WBS 整理後就像這個樣子。

寫寫

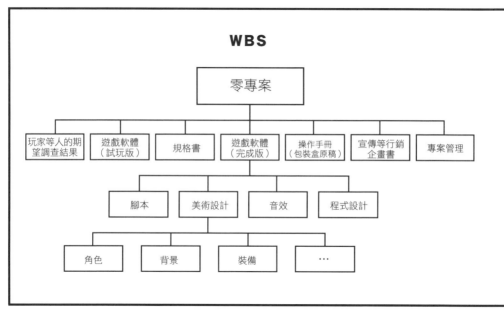

**WBS**

零專案

- 玩家等人的期望調查結果
- 遊戲軟體（試玩版）
- 規格書
- 遊戲軟體（完成版）
  - 腳本
  - 美術設計
    - 角色
    - 背景
    - 裝備
    - …
  - 音效
  - 程式設計
- 操作手冊（包裝盒原稿）
- 宣傳等行銷企畫書
- 專案管理

可以參考專案範疇說明書跟過去專案的 WBS 等資料來建構。

另外，各團隊也要建構自己的WBS。

那我應該做什麼？

將大家所建構的WBS匯總起來，

確認有沒有什麼作業、成果被漏掉了。

是！我會參考過去的WBS進行確認。

呃…我有話想說，是關於使用GPS功能的程式部分…

嗯，好的！各團隊就共同交換意見吧！

就是…

ENCOUNT 並沒有製作過使用GPS功能的遊戲經驗，

我們只有寫過試玩用的程式…

# 延伸閱讀

## 專案計畫書

製作專案計畫書是使專案成功的第一步。

必須將專案目的（成功基準），使專案成功所需的作業，和作業步驟、費用、人材需求予以明確化。此外，針對品質的確保及與利害關係人的溝通、風險處理、採購方法等，也必須擬定計畫，全部彙整起來，記載至專案計畫書裡。

有很多專案，雖然有專案的計畫，卻沒有製作專案計畫書。然而要將專案導向成功，只構思計畫是不夠的，必須要將計畫內容仔細地寫成專案計畫書。

製作專案計畫書有以下三大目的：

1. 擬定可行的計畫
2. 與利害關係人達成共識
3. 推動專案時使用

### 1. 擬定可行的計畫

如果只是在腦子中盤算，似乎都能想出一些好像能讓專案實現的計畫。然而，若沒有從通盤的角度考量專案作業實際的可行性，最後專案將會無法按照計畫進行。

例如，假設我們規劃了一個花一年的時間精通英語的「學好英文專案」。為了達成目的，決定每天要背 20 個單字及 10 句常用句，還要唸 1 小時的文法及練習 2 小時聽力。剩下的就是靠努力，從今天就開始用功。

你覺得能照著這個計畫用功一年，達成目的會有多少人？如果不是意志力相當堅強且時間充裕，要達成目的應該很難（筆者自身的經驗）。

雖然背 20 個單字或是唸 1 小時的文法這些作業不難做到，但是否能夠持續每天都完成每一項，這點就會讓人打上問號了。

要判斷是否所有的作業都是可行的，就必須先試算出一天應該要唸幾個小時的英語，將唸書時間排進自己的時間表裡。動手將計畫寫下來，並思考具體的計畫內容，使「平日的睡眠時間會變少」、「週末有行程的日子不可能唸

書」這些將會遭遇到的問題浮現出來。清楚計畫會遭遇到的問題，就能夠針對這些問題思考對策，像是「聽力練習留在坐車上班/上課的時候做」、「週末拿來備用，用來補回當週落後的進度」等，從而能夠擬定出更符合現實情況的可行計畫。

對於還無法釐清的事，則要動手將計畫寫下，以確認可行性、是否有不周詳的地方、計畫整體有沒有矛盾等等。

## 2. 與利害關係人達成共識

不論所擬定的計畫可行性有多高，只要進行專案作業的專案團隊成員沒有理解作業內容和時程，作業就不可能照計畫進行。

聽過專案計畫就能理解並認同，但時間一久就會忘記，或是對於專案的理解變得不確定，這樣的情況並不少見。

為了防止這樣的情況發生，必須將專案計畫實體化成專案計畫書，並與利害關係人共有專案計畫書，讓每個人都能反覆多次閱讀、加深理解。

專案目的或成功基準若與專案擁有者所想的不一致，這時就算照著計畫進行取得了成果，專案擁有者也不會覺得滿意。

人們在進行口頭傳達時，常會因為談話的過程、說明的方式、與對方的關係等，導致雙方雖然並非有意，卻會站在自己的需求立場，去理解談話的內容。

為了減少這樣的模糊地帶，讓每個人對專案目的和成功基準能有共同的認識，製作成文件就是一個很有效的方式。

在「學好英語專案」裡，自己就是專案所有者、專案經理，同時也是專案團隊成員，因此或許會讓人認為沒有其他應該共有專案計畫書的利害關係人，但事實上並非如此。

就算一開始的確想著要精通英語，但可能還是會有想偷懶的日子，甚至出現不想讀書，蹦出「就算沒有精通英文，在日本還是活得下去！」想法的時候。這種時候，就該將寫著初衷的專案計畫書拿出來，重新看看記載在裡面的目的，激勵自己「非做不可！」基於這個理由，專案計畫不是光在腦子裡想就好，寫成專案計畫書是非常重要的一件事。

## 3. 推動專案時使用

專案計畫書並不是擬定好就不會再更動。有時候會有各種原因造成作業無法照原訂計畫進行，因而有必須進行其他作業的情形。

因此我們必須定期核對作業的進度，確認實際進度與計畫進度之間的差距，思考如何縮短差距的對策或檢討計畫。

若沒有定期掌握實際進度與專案計畫之間的差距，等到發現時，進度的落後程度往往已經無法補救，而不得不重新檢討計畫。

以「學好英語專案」為例，可在每個週末或月底確認學習進度，若進度有落後就要利用什麼時間將進度補回來。若因為暫時性的忙碌而無法照原訂計畫進行，可以重新檢討計畫內容，暫時減少學習量，增加週末或能挪出時間的學習量。

### 製作專案計畫書目的
1. 擬定可行的計畫
2. 與利害關係人達成共識
3. 推動專案時使用

若你未曾執行過同樣的計畫，我想你應該不知道要做些什麼樣的作業。有時就算知道哪些作業要做，但會需要多少作業時間卻不容易想像出來。

此時，可以請教曾執行過同樣計畫者的意見，讓專案管理團隊的成員們一起腦力激盪。專案計畫並不是由專案經理一個人獨力完成，而是需要專案管理團隊的所有成員協助。

此外，在專案開始當初會有許多不清楚的事或無法決定的事。這時不該是「因為不知道所以沒寫」，正確的專案管理行動應該是「把目前所知道的都寫下來」。針對還無法計畫的部分，則以議題或風險的方式記載下來，等到計畫的階段能更具體再深入探討。

綜合來說，整個計畫並不是一開始就需要決定所有細節，這種階段性探討的方式，稱為「階段性調整」。

## 需求事項

需求事項除了需要有專案所有者的確認，也需要有各種利害關係人的確認。

我們假設在第 38 頁規劃的「員工旅遊專案」（規劃 100 名左右員工的公司要舉辦全公司的員工旅遊，並進行準備作業、旅遊中的各種指示、調整，一直到旅行結束的收尾工作），身為專案所有者的社長提出如下目的和成功基準。

> 專案目的：盡可能讓更多的員工參加，創造機會，讓不同年齡、職務的員工交流、相互認識。
> 專案成功基準：每一位參加員工都能記得不同年齡層同事的名字和長相。

雖然按照上述目的內容並滿足成功基準，是專案所有者社長最重要的需求，但社長可能還會提出其他的需求事項，比如說預算為一個人 3 萬日圓以下或是行程為兩天一夜等。

如果向利害關係人之一的公司董事詢問需求事項，他可能會說「要加強員工間的交流，高爾夫球是再好不過的了！就讓大家一起去打高爾夫球吧！」如果詢問部長，部長可能會提出「找一間溫泉旅館辦個宴會讓大家暢所欲言，感情就會變好。」

又如果是詢問女性員工，可能會出現「如果住的是個人房就太棒了，這樣就可以保有個人隱私」的需求事項。

利害關係人的需求事項會是千奇百怪的，能滿足所有需求事項的方法恐怕並不存在。然而，廣泛地收集需求事項，再加以整理，是非常重要的事。

在整理需求事項時，不能將利害關係人的發言直接當做是需求事項，我們必須找出對方真正想要的是什麼。以剛提到的女性員工需求事項來說，或許她想要主張的並不是「個人房」，而是因為怕影響到前輩休息，所以希望房間是「能保有某種程度的個人隱私」。

至於哪位利害關係人的需求事項應該獲得重視，這要先經過專案團隊成員的討論，視情況找專案所有者等人再討論。雖然可能會以多數人共同的需求事項為優先，但有時則必須重視特定利害關係人的需求事項。

大多時候，專案並無法實現利害關係人的所有需求事項。或許有些獲知自

己需求無法實現的利害關係人會有所怨言，但專案管理團隊並不需要在意這些抱怨。

然而，整理是誰提出了哪項需求事項，需求事項在專案裡是怎麼處理的，卻是非常重要的一件事。

如果自己提出的需求事項是在專案裡經過充分探討，卻沒獲得採用，人們只會覺得這是無可奈何的事。但若是僅僅是詢問需求事項，卻沒經過討論就直接不採用，相信沒有人會覺得高興。

## 範疇與 WBS

把專案目的、成功基準、需求事項整理之後，接著要做的是定義滿足事項所需的成果和作業，我們將這些成果和作業稱為「範疇（scope）」。

以「員工旅遊專案」為例，從構思規劃、準備、安排、旅遊中的指示、旅遊結束後的檢討會及各種收尾工作都是範疇。視公司和專案的情況，可能會另外進行費用的精算，或是會有專案還包含員工旅遊結束後要實施問卷調查，並將調查結果向專案所有者社長報告。

範疇定義之後，就要進行分解以利於管理。這種將專案裡要產生出來的成果和要實施的作業分解而成的結構，稱為 WBS（Work Breakdown Structure／工作分解結構）。

圖 2-1 為「員工旅遊專案」之例（部分）。

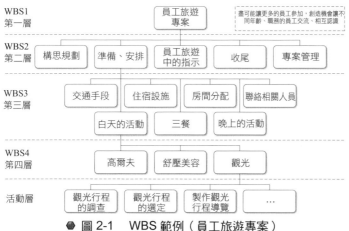

● 圖 2-1　WBS 範例（員工旅遊專案）

在建構WBS時，有三個必須遵守的原則：

1. 100%原則
2. WBS第一層代表整個專案
3. WBS第二層是專案的範疇與專案管理元素

## 1. 100% 原則

所謂的100%原則，指的是在WBS中，母元件的下層分解層（子元件）總和等於所有元件。此原則是WBS的每一層都必須遵守的原則。

若沒有遵守此原則，會造成專案裡進行的作業發生疏漏或重複，出現「計畫裡沒寫到，但○○作業也是必要的吧！」、「咦？那項作業，別人也在做一樣的！」等情況。

## 2. WBS 第一層代表整個專案

這原則很簡單，只要在WBS第一層寫下專案名稱即可。

## 3. WBS 第二層記載專案的範疇與專案管理元素

亦即將定義好的範疇記錄在WBS第二層。此外，在WBS第二層的最後面則要固定寫下「專案管理」四個字。

WBS第三層以後請遵照「100％原則」將成果和作業分解成小單位即可。最終一層是活動，亦即在專案裡進行作業的管理單位。

依專案種類的不同，有一些技巧可以讓人建構一個高超的 WBS，詳細內容無法在本書中說明，請參閱其他資料。

WBS的建構在專案管理中是非常重要的作業，但在還未熟練的階段，你對於WBS的建構或許會摸不著頭緒。但WBS的建構會在進行過幾次之後就逐漸熟練，所以不妨先動手做看看。

同樣的專案，WBS就會相同。過去曾舉辦過員工旅遊專案，只要根據當時建立的WBS進行修改，就能快速地建構新的WBS。

關於 WBS 的範例，有公司或機構自有的，也有公開於書籍或網路等媒體的，可以參考這些範例，輕鬆建構WBS。

CHAPTER 3

# 第**3**章 專案計畫書

Project
Scope
Management

Project
Time
Management

Project
Cost
Management

Project
Quality
Management

Project
Human Resource
Management

Project
Communicat
Managem

### ◆3-1　活動順序與時間估計

嗯！WBS 這樣就可以了！

可是我只是將大家建構的WBS整理在一起而已。

獲得眾人的協助，推動作業的進行，專案經理就是這樣的，所以你不要擔心。

是嗎⋯⋯

接著必須要進行的就是「活動定義」。

又是沒聽過的名詞…

所謂的「活動」，指的是細部作業。

而所謂的活動定義，簡單的說，就是

針對 WBS 裡定義的成果細節，對所需的作業進行細部定義，以方便管理。

原來如此…

設定
● 傲嬌
● 將軍失職
● 雙親是詐欺師

世界觀

我以角色設計為例，來進行具體的說明吧。

角色的設計是委託美術設計人員進行的，但前提是要先將

遊戲的世界觀和人物設定等轉達給設計人員。

委託

明白了！

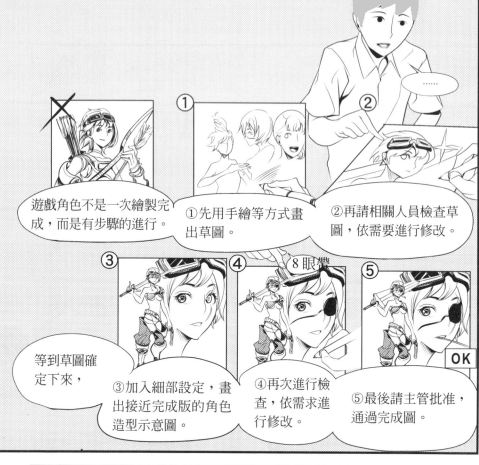

遊戲角色不是一次繪製完成，而是有步驟的進行。

①先用手繪等方式畫出草圖。

②再請相關人員檢查草圖，依需要進行修改。

等到草圖確定下來，

③加入細部設定，畫出接近完成版的角色造型示意圖。

④再次進行檢查，依需求進行修改。

⑤最後請主管批准，通過完成圖。

8 眼帶

OK

的確是這樣子。

所以在設計角色時，就會有5個活動需要定義。

也就是要明確定義出要做什麼事嗎？

沒錯。

活動管理則是用於作業的執行和監督，是很重要的一件事。

管理的確很重要…

好了！下一步是「設定活動的順序」。

咦？
照著剛剛的順序進行不就可以了嗎？

沒錯，順序非常重要！

在剛的角色設定的例子裡，爲了說明方便，所以順序都明確排好了，

但原本順序必須要經過仔細的思考。

確實，如果沒有正確的順序認知，成員間可能無法取得共識…

沒錯！

就算角色圖的細部都完整畫好，但若是需要修改，就會很麻煩。

說的也是…

然後還必須進行「活動資源估計」。

所謂的資源，指的就是作業人員和所利用的器材。也就是要估計需要哪些東西，需要多少。

器材

作業人員

不過這對於才剛進公司的你來說，負擔太重了，

所以這次就由我來估計大致需要什麼。

麻煩妳了！

接著是「估計活動所需時間」。

這是要算出各項作業所需的時間，對吧？

◆3-2 時程規劃

就是整個專案的進行計畫吧。要考慮的事好多,感覺很麻煩。

所有活動的順序、所需資源、所需期間都估計出來之後,

就要根據這些估計的內容,規劃初步的時程。

因此有可以支援專案管理的電腦程式工具!

這種工具可以幫助管理和掌握時程、預算以及作業狀況等。

竟然會有這麼方便的東西!

雖然這種支援工具也有專門的軟體,

但通常是套用試算表軟體。

我們公司也是使用試算表軟體，再加上各種巨集程式。你就用這工具來規劃時程吧！

了解！

3天後

社長…

躂

怎麼了？臉色這麼難看…

我照妳告訴我的方式去規劃時程，

結果需要3年的時間才能完成專案…

這樣子根本無法在期限內達成目的啊…

呵！一開始規劃時程都是這樣的啦！

要根據時程，設法縮短時間，並進行活動的檢討。

此外，如果有特定人員的負擔過重，就需要將部分的作業分出來給其他人，或是錯開作業的實施時段。

可是要怎麼做，

才能將時程縮短呢？

**要點法**
算出所有活動合於邏輯的最早開始日、最早結束日、最遲開始日、最遲結束日的方法。

**縮程法**
增加活動資源，藉此縮短所需時間的方法。

有方法是嗎!?請告訴我詳細的內容！

**快速跟進法**
讓應該依序進行的活動並行進行，藉此縮短所需時間。

先使用「要點法」，以調查哪些活動會造成作業時間變長，

接著使用「縮程法」、「快速跟進法」，就能夠將所需時間縮短。

你在這裡等一下，
我去準備資料。

是！

## ◆3-3　成本估計與預算編列

──兩天後

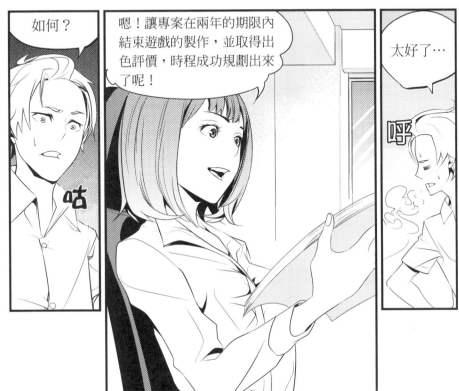

如何？

嗯！讓專案在兩年的期限內結束遊戲的製作，並取得出色評價，時程成功規劃出來了呢！

太好了…

咕

呼

下一步是估計專案要花費的費用。

活動資源估計的部分，我已經先大致調查過了，你再接著參考過去專案的成本製作看看。

翻
翻

活動資源估計

必須要計算的費用不只有採購費用，還包括了人事費用和委外費用呢…

那是當然的！

薪水

辦公室租金

但員工的薪水和作為工作場所的辦公室的租金是不是也應該一併算入，

則要視情況而定，所以必須向專案所有者或公司的管理部門確認。

原來如此…

在專案作業開始執行前的階段，有時只能估計大概的費用。

要掌握三個重點，

1. 不要漏掉可能花費大筆費用的項目。
2. 要預先掌握可能出現大幅度變動的費用。
3. 要在預算裡加上一定程度的預備金。

我知道了！

將相似專案 A 的總成本設為 100

此次專案的作業，比專案 A 多了 3 成左右

⇩

此次專案的總成本估計為 130

類比估計法

例

A 公司的房屋建築費
＝ 60 萬日圓/坪×建坪

參數估計法

| 項目 | 人事費 | 資源費 | 間接費 | 合計 |
|------|--------|--------|--------|------|
| 作業 A | 100 | 50 | 15 | 165 |
| 作業 B | 20 | 0 | 2 | 22 |
| …… | … | … | … | …… |
| 作業 Z | 150 | 30 | 18 | 198 |
| 總計 | 2500 | 500 | 300 | 3300 |

由下往上估計法

就進行估計時採用的方法來說，除了前面說明活動所需時間估計，已經提過的「類比估計法」，

還有，根據過去的資料，針對實際成本與實際成本影響變數之間的關係，進行統計處理而估計出成本的「參數估計法」，

第三個是，先估計細項活動的成本，再全部統計起來的「由下往上估計法」。

我們這次使用的是
類比估計法嗎？

沒錯！加油吧！

是！

◆3-4　製作專案計畫書

然後，中井將時程和費用的
估計都整理出來了。

這樣就可以開始執行
專案了嗎？

還不行！前面還有一
些非做不可的事喔！

還有嗎……

波濤洶湧

為了讓專案能夠穩健地朝成功前進，計畫階段可是很重要的！

空有大志卻出海尋寶，不覺得太過危險嗎？一定要做好充分的準備啊。

是…

因此，我們來製作「專案計畫」吧！

好的！

「奇幻妖精傳」專案計畫書

這份是以前專案所建立的「專案計畫書」拿去參考吧！

---

## 「零專案」專案計畫書

### 1）背景
我們公司（ENCOUNT）迄今推出「奇幻妖精傳」等遊戲，頗獲遊戲業界正面評價。然而要從競爭激烈的遊戲業界生存下來，必須追求更進一步的差異化。

### 2）專案目的
製作運用 JP 的 GPS 功能的遊戲，吸引業界目光。

### 3）成功基準
兩年內完成，並在「遊戲會議」網站上取得90分以上。

### 4）專案的必要成果
玩家等對象的期望調查結果
遊戲軟體（試玩版）
規格書
遊戲軟體（完成版）
操作手冊、包裝盒原稿
宣傳等行銷企畫書

### 5）主要利害關係人
專案所有者……鷺宮麗華
專案經理……中井直史
專案管理團隊……小川、？島、田無、久米川
專案團隊成員……ENCOUNT的員工、合作公司的人員
其他利害關係人……有可能成為遊戲玩家的一般消費者、「遊戲會議」、遊戲賣場人員等…

### 6）限制條件
・專案啟動後，兩年內要達成專案目標
・要在規定預算內完成作業
・遊戲要使用 JP（Joy Portable）的 GPS 功能

### 7）前提條件
遊戲的運行環境為〇〇公司開發的 JP（Joy Portable）的△△以上型號，具 GPS 功能，內建□□ 以上的記憶體

### 8）作業範圍
以下項目排除在外。
・遊戲軟體價格的決定…由社長另行研究決定
・業務行銷的企畫及推動…專案部分僅做這些活動的支援
・產品的製造、流通…由其他部門負責，專案只負責到遊戲母片的製作

### 9）工作一覽(WBS)
・記載於附件

### 10）假設風險
・記載於附件

### 11）預算估計
・記載於附件

### 12）專案體制
・記載於附件

### 13）時程概要
・記載於附件

### 14）管理方法
・定期舉行會議。進度會議每週一次，公司內部報告每月一次
・關於變更管理…
・關於問題點管理…

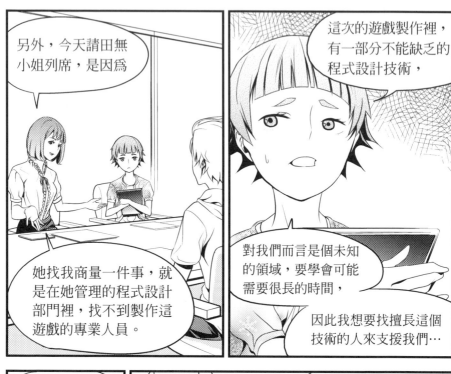

另外，今天請田無小姐列席，是因為

這次的遊戲製作裡，有一部分不能缺乏的程式設計技術，

她找我商量一件事，就是在她管理的程式設計部門裡，找不到製作這遊戲的專業人員。

對我們而言是個未知的領域，要學會可能需要很長的時間，

因此我想要找擅長這個技術的人來支援我們…

這想法很好啊！已經有理想的人選了嗎？

我是打算委託 ACE-HI 公司幫忙，他們的地圖軟體就是使用 JP 的 GPS 功能開發出來的…

ACE-HI 公司

ACE-HI 公司的確是擁有技術能力，但它和我們敵對公司 GigaDrive 關係很密切喔…

是可以將 ACE-HI 公司列為候補之一，但請再看看有沒有其他的選擇。

好的…

中井，然後再請你和田無小姐討論，將要委託的內容整理成「RFP」。

什麼是 RFP？

「Request For Proposal」也就是提案邀請書，用來邀請業務委託對象提出具體提案用的邀請書。

原來如此，我懂了。

是！

那麼就散會吧！拜託你們兩位了！

喀噠

起身

關於候補的公司，可不可以請妳再問一下其他程式設計師的意見？

好，我再去問。

雖然是一步步開始，但愈來愈有專案經理的樣子了！

## 活動

WBS 是將成果和所需作業細部分解後產生的一種結構，而成果和所需作業還能再分解得更精細，這種小單位的作業項目稱為「活動」。在專案管理裡，要為每一個活動進行時程的估計，並安排承辦人員。

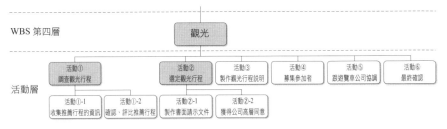

● 圖 3-1　活動定義之例（員工旅遊專案）

### 活動的順序

各活動之間存在一些非遵守不可的作業順序。

以圖 3-1「員工旅遊專案」為例，在選定觀光行程之前，要先收集觀光行程的資訊（活動①-1），然後進行行程的確認、評比，才能決定專案管理團隊所推薦的觀光行程（活動①-2），接著再製作書面請示文件*（活動②-1），透過書面請示文件獲得公司高層的同意（活動②-2）。

此外，必須先準備好記載觀光行程內容和特色的觀光說明文件（活動③），才能開始募集想要參加觀光行程的員工（活動④）。

另一方面，跟遊覽車公司的車輛委託和協調（活動⑤），只要名額定下來並獲得公司高層同意（活動②-2）就能進行。

最終確認作業（活動⑥）「準備、安排」是 WBS 的最後一個活動，包括要分發給預定參加觀光行程的員工的緊急聯絡方式等說明文件，及跟遊覽車公司的最終協調等等。

*指在公司等機關裡，由承辦人製作，再交由相關人員傳閱，尋求同意提案時使用的文書。

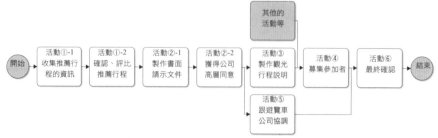

● 圖 3-2　活動順序（員工旅遊專案）

## 活動的需求資源

在製作專案的時程和預算等資料時，必須估計各項活動的需求資源。所謂的需求資源，指的是進行作業所需的人員、時間、機器等。

我們利用圖 3-2 來進行說明，以「員工旅遊專案」為例，假設在收集推薦行程的資訊（活動①-1）時，旅行社和遊覽車公司等單位提供了 20 種推薦行程。如果每個行程要花 30 分鐘確認、評比（活動①-2），那麼就能估計總共需花費 10 小時做確認（＝ 20 個行程×0.5 小時/1 個行程）。

此外，若參加觀光行程的人數為 50 人，剛好可以坐滿一輛 50 人座的遊覽車，而如果租用的是 50 人座以下的小型巴士，車輛數就必須估計為 2 輛。

## 估計活動需求期間

要規劃專案的時程，不僅必須估計需求資源，還要估計需求期間。

例如推薦行程的確認、評比（活動①-2）估計需要 10 個小時。如果由一個人一天作業 8 小時來算，可估計出兩天的作業期間就能完成（10 小時 < 8 小時/天×2 天）。

然而，如果負責作業的人同時還有其他工作，一天只能撥出 2 小時進行推薦行程的確認、評比，那麼可估計作業時間需要 5 天（＝ 10 小時÷2 小時/天），也就是需要一星期的作業期間。

關於需求期間的估計方法，除了根據活動的需求時間來計算的「參數估計法」，還有根據過往類似活動經驗來推估的「類比估計法」，以及可以算出正確較高的活動需求期間的「三點估計法」。進行估計，必須依照活動的內容和所要求的估計精確度等條件，來選擇適當的方法。

進行以書面請示文件獲得公司高層同意（活動②-2）時，雖然「同意」這個動作本身或許花不到 1 個小時，但高層可能會因為有其他需要優先處理的作業，或是要外出等原因而無法立即評估，因此這個活動通常會需要更長的期間。

公司高層在評估過後，可能會指示部分需要再做檢討，此時就必須重新檢討，更改或重新製作書面請示文件，然後再度徵求公司高層同意。估計要獲得公司高層同意的需求期間時，必須考慮各種不確定因素，依照過去的經驗來估計（＝類比估計法）。

## 規劃時程的注意事項

活動的需求期間估計完成，便可依據作業的順序，從作業開始安排活動，以規劃初步的時程。

若活動數很多，可利用專業的專案管理工具，以有效率地規劃時程。專案管理工具除了市售軟體，也有公開免費使用的軟體。

此外，即使不使用專業軟體，也能夠使用試算表軟體來規劃時程。有許多企業都是運用試算表軟體的巨集功能，開發出自製的專案管理工具。

根據「員工旅遊專案」的WBS「觀光」活動來規劃初步的時程，如圖 3-3 所示。

依據時程，估計要完成「觀光」的所有活動，需要 10 個星期。

### 縮短時程

初步的時程規劃，常讓我們發現活動來不及在期限前完成。

遇到這種狀況，如果想「反正努力加快作業速度就對了！」這樣的決心雖然令人讚許，但從專案管理的角度來看，卻無法給予正面肯定。

擬定一個可達成目標且可行的計畫，然後「努力讓作業按原訂計畫進行」，才是正確的專案管理。

縮短需求時間的方法有兩種：

- ・縮程法（crashing）…藉由增加進行活動的資源，來縮短需求時間
- ・快速跟進法（fast tracking）…在前一個活動結束之前，就開始進行後續活動，以縮短需求時間。

　　「員工旅遊專案」的推薦行程確認、評比（活動①-2），曾估計過由一個人進行工作需要 5 天。這裡我們改由兩個人而不是一個人來進行，因此變成 2.5 天就能完成。此外，前面的規劃是由一個人一天撥出 2 小時，而如果改為 1 天撥出 4 小時，算出 2.5 天就能夠完成。

　　像這樣，藉由增加活動的執行人數和時間等資源，來縮短該活動的需求時間，就是「縮程法」。

　　又例如製作觀光行程的說明（活動③），只要專案有很大機會能夠獲得公司高層同意，就不需要等到真的獲得公司高層同意（活動②-2）才開始進行作業。這麼一來，就能夠在公司高層同意後馬上募集參加者（活動④），因此能夠將製作觀光行程說明（活動③）的需求時間，提前一星期，這就是「快速跟進法」。

　　檢討修正後的修正版時程，如圖 3-3 所示。

## 規劃時程的注意事項

　　關於縮短需求時間的方法，有縮程法和快速跟進法兩種，但並不是每次都能發揮效果。有時反而因為使用這些方法，反而引起作業量增加或時程延誤等狀況。

　　例如，在「員工旅遊專案」裡使用縮程法，讓兩個人進行推薦行程的確認、評比時，若兩個人的評估標準不一樣，就有可能無法產生恰當的評比結果。又例如，若將一個人一天原本的作業時間從 2 小時倍增為 4 小時，一旦員工有其他工作，就會造成加班的狀況。

　　另一方面，藉由快速跟進法讓觀光行程說明的製作（活動③）提前開始進行作業時，要是公司高層臨時更改了觀光行程，這麼一來到已進行的作業可能都會徒勞無功。

　　時程的規劃無法一次就完美地一步到位。先規劃出時程的大致框架，注意以上所提到的事項，再進行一步步檢討，以規劃出可行且最妥善的時程。

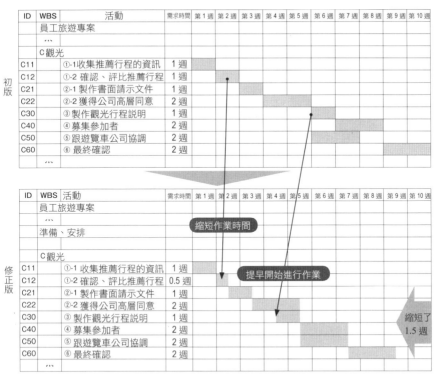

● 圖 3-3　修正時程（員工旅遊專案）

## 估計成本的方法

　　每個專案都會有一個重要的限制條件，就是成本。將專案發生的成本控制在預算內，是很重要的一項專案管理要素。

　　要將成本控制在預算內，在計畫階段，能夠恰當地估計成本，便非常重要。

　　進行成本估計時，主要有三種方法：

・類比估計法…參考過去類似的專案成本，進行估計。
・由下而上估計法…先估計出各項活動的成本，再統計總額。
・參數估計法…根據過往專案等資料，找出成本與成本影響變數兩者之間的關係，再估計成本。

以「員工旅遊專案」為例，如果是根據過去舉辦過的員工旅遊成本，來進行成本的計算，這時採用的就是類比估計法。例如，假設過去舉辦的員工旅遊有 80 位員工參加，成本為 240 萬日圓，可換算出平均一位員工的成本為 3 萬日圓（＝ 240 萬日圓÷80 人）。

假設這次的員工旅遊會有 100 位員工參加，便可估計出這次的成本為 300 萬日圓（＝ 3 萬圓/人×100 人）。

如果採用的是由下往上估計法，要先將住宿費、交通工具費、白天和夜晚的活動費用個別估計出來，再將費用全部加起來而估計出總成本。

至於參數估計法，是常常在辦員工旅遊的旅行社等機構，在進行初步估計時所採用的方法。此方法是根據過往實際案例的旅遊日程、參加人數、住宿設施等級、白天和夜晚的活動內容等，歸納出計算總成本的算式。

### 削減成本

如果所估計的成本超出預算，就必須在專案開始或繼續進行之前，研擬削減成本的對策。

在研擬削減成本的對策時，首先必須從成本高的項目著手，研究削減成本的可能。如果要進行大幅度的削減，就必須針對活動的必要性和實施方法進行根本性的檢討。特別注意，若只削減容易削減的項目，或是隨意調降花費成本的做法，雖然能夠讓估計成本暫時削減，但這只是在拖延問題，並沒有解決問題。

### 編列預算時的注意事項

編列成本預算時，必須先向專案所有者等相關人員，確認有哪些成本需要列入。例如，新產品開發專案或系統建構專案，這類需要眾多員工執行專案活動，員工的人事費就屬於專案成本項目裡的高成本項目。

在編列成本預算方面，有下列三點事項應該注意。

第一點是不可以忽略隱藏的高成本項目，必須十分注意單次進行時成本雖低，但卻會持續出現的成本項目，以及單一成本雖低，但數量需要很多的成本項目。

第二點是掌握成本會大幅變動的項目。只能進行推測估計的項目，以及會因為專案狀況或利害關係人要求等原因而變動，這些成本項目要事先掌握。

最後一點是要加上預備金。預備金的金額，依專案的種類、內容、企業而不同，若沒有加上一定程度的預備金，專案管理和專案管理團隊會常常受到成

本削減問題的干擾。

專案的成本只會逐漸提高，而不會自然地減少。即便會加上一定程度的預備金，但在運作專案時，也要當作沒有預備金。筆者認為這是幫助我們將專案預算控制在預算內的基本觀念。

## 製作專案計畫書的注意事項

將我們討論過、明確化的事項，以專案計畫書的形式記載下來：

- ·專案目的和成功基準
- ·專案的需求事項，及滿足需求事項所需的成果及作業範圍
- ·成果的製作及作業的實施，所需的活動及實施時程
- ·專案成本預算
- ·專案的利害關係人
- ·專案必須遵守的限制條件、前提
- ·專案的體制

此外，從下一章起開始說明的事項，也要將已知的內容寫在計畫書中：
- ·關於成果與作業實施的採購費用
- ·關於專案應達成的品質標準及實現方法
- ·關於專案的風險
- ·關於專案團隊成員的組成、培訓
- ·關於如何與利害關係人順利溝通

### 製作專案計畫書時的注意事項
第 2 章曾說明過，製作專案計畫書有以下三個目的：

1. 擬定可行的計畫
2. 與利害關係人達成共識
3. 推動專案時使用

為了實現這三個目的，在建立專案計畫書時必須注意以下三件事：

① 易於使用的份量、內容

② 在會議中多次說明提及

③ 定期檢討

### ① 易於使用的份量、內容

不管專案說明書寫得多縝密周詳，如果份量太多、難以閱讀，可能會導致專案團隊成員無法理解專案。專案計畫書寫得越多越詳細，但若無法將想法傳達給使用的人了解，專案計畫書的建立就沒有意義。因此我們應重視的是「獲得理解」，而不是「傳達」而已，因此必須在記載內容和方法多思考。

### ② 在會議中多次說明提及

在專案管理成員裡，沒有人會比專案經理更關心專案計畫整體，大部分的成員對於自己所負責作業的興趣大過專案計畫本身。

但成員是否在理解專案計畫的前提下，進行各項作業，將會使得作業的成果產生很大的不同。

因此專案經理和專案管理團隊，應該要常常提及專案計畫書裡的內容，讓專案計畫書的內容能夠被專案團隊成員牢牢記住。

你可以像每天早會時朗誦公司經營理念一樣，養成每天唸出專案目的和要點的習慣。

### ③ 定期檢討

專案常常會發生預料外的狀況，實際進行的情形，往往會和專案計畫產生差異。

正因為如此，定期地檢討專案計畫，是一件很重要的事。儘管過度頻繁變更的專案計畫書，使用起來不甚方便，但若不做任何變更而無法使用的專案計畫書，相較之下，定期檢討才是有用的專案計畫書。

# 第**4**章 專案執行

那麼，就根據這份專案計畫書，開始實際進行遊戲製作吧！

先集合團隊成員，舉行專案啟動會議，向大家進行專案的說明。

好的！那我在專案啟動會議裡應該注意什麼？

最重要的就是，說明時要有自信！

要是專案經理臉上露出不安的神情，這個情緒就會感染給團隊成員。

好、好的…我會注意的！

咕嘟

人數眾多

參與專案的成員集合起
來竟然有這麼多人…
專案經理的責任，真的
是很重大呢…

沒事吧？

莫名覺得緊張，昨天
睡不著…

還沒開始就這樣，
等會兒就傷腦筋了…

畢竟是第一次，
當然會緊張…

我們現在開始進行零專案的啓動會議。

我先明講，這次的零專案，

目標是要在兩年內完成，並且在遊戲評論網站「遊戲會議」拿到90分以上的分數！

咦!?

什麼…？

我知道這目標比提高銷售量還難達成，

但我相信只要集合我們ENCOUNT所有人的力量，就一定能夠辦得到！

那麼，零專案的具體計畫，就由本專案的專案經理中井來爲大家做說明。

議論紛紛

我…我…是這次擔任專…專案經理的中井…

我是第一次製作這麼大型的遊戲，還請各位多多指教…

這麼說…零男加入ENCOUNT的傳聞是真的…

我想，就算是現在第一次看到本人，也聽過「零男」吧？

其實中井就是曾轟動網路界的遊戲開發大師零男。

雖然說他開發的是同人遊戲，但能在一年裡連續發表兩款具有原創性的作品，這樣的管理能力代表

他具備了專案經理的足夠素質，透過共同進行專案，我想我們公司必定能夠更上一層樓。

今天的中井只有20分…！

什麼！好嚴格！但妳的確已經吩咐過我要帶著自信說明，

結果我還是那麼緊張，說話結結巴巴的…

開始的時候是只有20分，但結束的部分，就可以給你100分喔！

因爲你的遊戲說明裡有確實融入你的想法！

所以，放點水取平均60分，勉強及格！

勉強及格嗎…

今後，你可要認真帶領大家喔！

是！

## ◆4-2 管理採購

關於上次提過的 GPS 功能的技術支援，我和田無小姐討論過後，決定委託 ACE-HI 公司。

尤其是 ACE-HI 公司有田無小姐的朋友在裡面，表示願意協助我們！

是嗎…

如果是朋友，就能放心委託，而且說不定還能給我們便宜點的價格呢！

我們就快點和 ACE-HI 公司聯絡，正式發案吧！

喀嚓

等一下！

!?

有…有什麼問題嗎？

上次不是有請你們調查看看，有沒有 ACE-HI 公司以外的選擇。

是的…但應該沒有比 ACE-HI 更能符合我們條件的公司了…

那麼，如果是要委託 ACE-HI 公司，具體上會委託哪些作業、委託期間多長、委託條件又是什麼呢？

那些還要等田無小姐的朋友確定…

為什麼條件明明都還沒確定，你就已經判斷 ACE-HI 公司是最合適的選擇呢？

……

……

將部分的作業委託給其他公司，這在專案裡是很常有的事。

對專案而言，這不就像是在「購物」嗎？

呼

是…

可是呢…專案的採購，

不能因為專案經理的臨時起意、自以為是或是好惡來決定。

妳說得沒錯…

也許是我之前沒有說明清楚…我道歉。

沒、沒有！

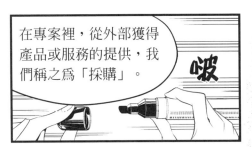

在專案裡，從外部獲得產品或服務的提供，我們稱之為「採購」。

啵

具體而言，採購大致會照著這樣的步驟進行：

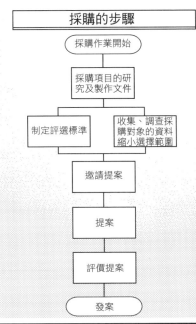

**採購的步驟**

採購作業開始

採購項目的研究及製作文件

制定評選標準

收集、調查採購對象的資料縮小選擇範圍

邀請提案

提案

評價提案

發案

抄抄

抄

首先應該要明確訂出專案所需的作業、產品、技術知識等等，

多找出幾間能夠提供我們需求的公司。

然後以文件等形式，讓那些公司明白專案的需求事項，

最後以事先訂定好的評選標準來評比各公司提交的提案書等文件，透過這樣子的評選決定委託對象。

我…我明白了！我會重新進行評估！

拜託了！

對不起…
都怪我說 ACE-HI 公司裡有我的朋友才會這樣…

沒事，妳說的是事實啊…是我把事情想得太簡單了。

就算最後仍然會委託給 ACE-HI 公司，我們還是先整理出採購項目，然後找出一些候選公司吧！

好的。我來整理，評選標準也會一起訂出來。

這可幫了我大忙！

後來——

雖然GPS功能還沒加上去，但遊戲劇情的部分都大致完成了呢！

這還只是試玩用的程式，裡面有一堆程式錯誤，美術設計的部分也還有很多還沒做好。

遊戲音效也還沒全部加進去。

這版本只能用來了解遊戲劇情的發展…

但這的確是試玩版！我去請社長來看！

啊！喂喂喂！

他去了耶…我們是不是應該在社長來之前趕快離開？

對啊…

雖然這樣他會很慘，不過這種事只能讓他親身體驗…

轉身

閃——

試玩版己經好了!?比預定日期還快？

都要感謝大家的努力！不過因為還在初期階段，會有程式錯誤等問題，這點要請妳能夠諒解…

♪

喀擦

喀擦

我看看…

喀擦

坐下

沒聲音了…

這裡的音效還沒弄完…

哎呀！這次是背景變全白…

喂

這裡也還在製作…

怒

嚇

不過還是可以玩的！你看，在這裡輸入指令…

唰擦 唰擦

嗶————

ERROR

!!

停下來了喔…

聽好！中井！品質是要經由計畫、設計、改善達到的，

靠測試是無法達到的！

咦？太奇怪了…初始參數的設定和

操作方式應該已經做過變更啊…

真、真是抱歉！

若想用測試來抓出程式錯誤，再做修改，這是錯誤的想法！

在計畫、設計、改善時，就要思考該怎麼樣做，才能避免程式錯誤。

原來如此…

若都依照順序進行，但還是會出現程式錯誤，這時才要進行詳細的測試，這可是專案管理的教條。

嗶—

嗶—

喀擦

喀擦

我明白了！
我會注意的！

躲在那裡的各位主管，你們要好好協助他啊！

喀噠

驚ㄍㄧ！

什麼都瞞不過社長的眼睛…

就拜託你們了。

中井，眞不好意思！你好像被我們拋棄了…

唉

不，是我的想法從一開始就不對。不管有沒有程式錯誤，沒有將變更規格的事正確地傳達給相關人員，這才是原因。

要是我有更加確實地做好溝通，就不會這樣…

別那麼洩氣啦！
這不只是你的問題！

我們也會想一些能夠再進一步確保品質的對策！

謝…
謝謝你們！

話說回來，你當初要是等這些都做好，再找社長來看不就好了…

ERROR

另一方面，GPS 功能的部分，在評估過數個採購對象後，最終仍決定委託給 ACE-HI 公司。但是……

ACE-HI 公司表示，如果維持目前的規格，可能會無法達到我們想要的畫面顯示速度…

這下麻煩了…

要改善顯示速度需要修改我們這邊的程式，可是這樣一來，就必須重新檢討時程…

身為專案經理，你打算怎麼做？

要求 ACE-HI 公司想辦法盡力達成…

所以可不可以請社長直接和 ACE-HI 公司進行交涉？
我想如果是社長親自出馬，對方就不得不幫忙處理！

這樣真的就可以解決問題嗎？

咦？

你有想過要是 ACE-HI 公司怎麼努力也無法達到的風險對策嗎？

風險對策嗎？
我沒有想過……

這種狀況正是需要
風險對策的時候！

此時要估計，
當 ACE-HI 公司
做不到時，

我們這邊需要修
改的程式數目和
工時等，思考因
應的對策。

的…的確…

那…那麼，這部分
就由我來負責。

抱歉又造成妳的困擾…風險
的研究在專案計畫階段做
過，後來就一直沒再做…

風險並不是只要調查過就好，而是必須在專案的進行期間，不斷定期確認、重新審視。

然後決定要對風險選擇迴避、減輕、轉嫁、承受等處理方式。

接著則是擬定具體對策。這麼一來，一旦遇到風險發生時就不需慌張了，不是嗎？

妳說得沒錯！我會趁這次機會順便重新審視現在是否存在其他風險！

專案是活的！不要忘了專案會一直隨著狀況而發生變化！

是！

咕嘟

後來，遊戲的製作漸入佳境——

你的程式要弄到什麼時候!?

我對這功能的安裝不熟啊，還能怎麼辦！

板起臉

我不是來聽你說理由的！我是來問程式什麼時候可以完成！

沒做怎麼會知道什麼時候完成!!

沒完成你就別下班！聽到了吧！

轉身

中…中井！

碎

我到底是在幹什麼啊…

你在這裡啊。

小川小姐…

田無小姐跟我說了，你剛好像跟一位程式設計師吵得很兇啊…

不曉得為什麼…我覺得好累。我本來很喜歡寫遊戲的，麗華社長找我時，我也是很開心能加入ENCOUNT……

可是管理專案卻老是出問題…

你當初開始寫遊戲的動機是什麼？

咦？動機……那是很久以前的事了。

可以說給我聽嗎？

………
那是我小學4年級的事——

那時我們家因為爸媽工作的關係而搬家。

新搬去的地方，半個認識的人都沒有。

我每天都是到家附近的神社，自己一個人玩掌上型遊戲機—

你是不是在玩「口袋怪獸」？

咦？
嗯…。

然後，
我遇見了一個女孩

我也有在玩喔！

一起玩好嗎？

嗶

你把你的角色取名為「零男」啊？

嗯…因為這個名字蠻酷的…

原如來此啊…那我叫你小零好了！

你就叫我小路吧！

小路…

那之後的日子裡，我和小路雖然沒有特別約好，

但我們都會在神社碰面，一起玩遊戲機。

這關好難喔～
小零你試試！

哪關？

如果你過關，要不要我親你一下當作獎賞啊？

我…我才不要！

小零臉紅了！

吵…吵死了！

這游戲讓我寫，我會把游戲這裡弄成這樣…

那樣子好像很好玩呢！

眞的嗎？有一天我也想自己寫游戲。

妳看這個！

零男的遊戲筆記

我在裡面寫了很多遊戲的點子喔！

哇～！小零將來一定會寫出很厲害的遊戲！我也好想要玩玩看喔～

我們不只是玩遊戲，還很熱衷地討論「如果遊戲由我們來寫，要改成怎麼樣」。

對我而言，小路就是我的初戀…

可是——

從某一天起，小路突然就沒再來過神社。

從此我們也沒再見過面，

但我一直都忘不掉小路。

後來，我學會怎麼寫遊戲，成了同人遊戲的遊戲開發者。

期望著有一天，我親手寫出來的作品能到那女孩的手上…
期望著我能創作出讓那女孩愛不釋手的遊戲…

PRODUCED BY
零男

而為了那一天的到來，能讓她知道這就是我寫的，我一直都在遊戲裡註明遊戲開發者是「零男」。

不過，到最後我還是無法曉得小路有沒有玩過我寫的遊戲…

很幼稚的動機對吧…

沒那回事！很令人感動的理由喔！

真的嗎？

雖然你寫遊戲的理由有一部分是因為你喜歡玩遊戲，但是你想要透過遊戲讓某個人感到幸福。

也許是吧…

我覺得你確實很適合擔任專案經理喔，

因為你能夠如此掛念著某個人！

社長有沒有跟你說過，專案經理最重要的能力是什麼？

…是溝通能力！

126

我真的是太糟糕了…

你一直在這裡消沉有什麼用！任何人都會犯錯的，

只要發現錯誤立刻想辦法處理，把影響降到最低就好了！

真的嗎？

好！

我現在就去跟他們兩個人道歉！小川小姐，非常謝謝妳！

躂

立刻行動，這點也是中井擁有擔任專案經理資質的證明啊！

躂

躂

# 延伸閱讀

## 專案啓動會議

在開始進行專案作業之際，集合專案團隊成員，說明專案目的、基準、作業概要、時程等內容，是很重要的一件事。這種會議稱爲「專案啓動（Kick-off）會議」。

有人認爲，只擁有幾個成員的專案，或是從定名爲專案，但一直有在進行的活動，就算不特地舉行專案啓動會議也無妨。

但筆者建議，不管是多麼小型的專案，多麼短的專案期間，爲了下列目的，都應該舉行專案啓動會議。
1.專案目的與成功基準
2.減輕專案團隊成員的不安

### 1. 擁有共同的專案目的與成功基準

我們在本書裡已經說明過非常多次，專案最重要的就是專案目的與目標（成功基準）。如果專案目的與成功基準不明確，專案的成功將會岌岌可危。

理解專案目的與成功基準，並不只是只有專案經理和專案管理團隊就夠了。專案團隊成員全部都必須要理解專案目的與成功基準，再投入專案的各項作業。

專案團隊成員之中或許有人會完全不清楚該做什麼、自己的功能是什麼，就參與專案，也有人因爲是業務命令而勉強參與專案。然而想要令專案成功，就必須讓這些人能有出色的表現。爲此就要讓他們理解專案目的與成功基準。

### 2. 減輕專案團隊成員的不安

在專案開始之初，大部分的專案團隊成員都會感到不安。接下來我應該做什麼才好？能夠和其他成員合作嗎？真的能夠達成目的嗎？

為了盡可能減輕成員的不安，專案經理必須帶著自信告訴成員們「使專案成功所需的作業計畫，已經製作成專案計畫書，只要大家照著專案計畫書通力合作進行作業，專案一定會成功！」

在專案開始時，專案經理自己或許會比任何人更不安，但專案經理不可以在專案團隊成員面前透露出不安的情緒，因為專案經理的不安會感染給專案團隊成員。

你會相信一位沒有自信、低著頭、照著稿子唸的專案經理嗎？你認為照著這樣的一位專案經理的指示進行作業，專案有可能成功嗎？

就算真的感到不安，也必須帶著自信進行正面的發言，例如「也許我們會遇到種種的不安和課題，但只要一件一件地解決，專案一定能成功！」

## 採購

在專案裡，有時會需要由外部提供產品、服務或者部分作業，這稱為「採購」，可以想成是專案的「購物」。

個人的購物行為，可以憑著自己的喜好或感覺，甚至是衝動來購買，但專案的採購則不允許這樣的行為。

專案的採購是為了要達成專案目的、基準而使用專案所有者所提供的資金。在決定採購對象和採購金額等之前，若沒有進行充分的調查和比較，就無法獲得專案所有者和利害關係人的認可。

此外，如果採購來的成果和作業出了問題，會被問責採購的手續、調查、評估是不是有問題？在對問題採取對策時，如果沒有先釐清是不是評估上有問題？是不是判斷上有問題？是不是作業的進行方式上有問題？…等等疑問，就無法採取恰當的對策。

在進行採購時，第一步要先確定必須採購什麼。
第2章所說明的WBS和活動中無法於專案中製作的事項，就是採購項目。

接著要調查有沒有能夠提供這些專案所需項目的採購對象。同時準備比較、評估多個採購對象的標準。如果沒有評估標準，會導致進行評比者憑著印象或喜好來決定採購，或是由評估人員中說話最大聲的人勝出。

待採購對象的調查結束，且評估標準也制定出來後，便將專案的需求事項通知各個採購候選對象，邀集他們提案或估價。在邀請對方提案時提出，記載需求事項和各種條件等邀請書，稱為「提案邀請書（RFP/Request For Proposal）」。

在採購候選對象提案或估價後，利用評估標準進行個別評估及比較評估，來決定採購對象。

以「員工旅遊專案」為例，住宿設施的選定，就是以採購方式進行。

參考住宿設施的網頁等資料，鎖定一些住宿設施，訂定如表 4-1 的評估標準。

● 表 4-1　評估標準的例子（員工旅遊專案的住宿設施）

| 評估項目 | 評估標準（三種等級：○、▲、×） | 飯店 A | 飯店 B | 飯店 C |
|---|---|---|---|---|
| 位置 | 位於方便從公司出發進行兩天一夜旅遊的地方？ | ○ | ○ | ▲ |
| 施設 | 有溫泉？有 SPA 設施？<br>有能夠容納全體參加人員的宴會廳？ | ○ | ▲ | ○ |
| 房間 | 有個人房和雙人房？ | ○ | ○ | ▲ |
| 餐飲 | … | ○ | × | ○ |
| 服務 | … | ○ | ▲ | … |
| 金額 | … | × | ▲ | ○ |
| … | … | × | ○ | ▲ |
| 綜合評價 | ○為 2 分、▲為 1 分、×為 0 分，將各項評比項目的得分加總後排名。 | 第 1 名 | 第 3 名 | 第 2 名 |

要將利害關係人的需求事項、參加人數、日程等條件，告知候選住宿設施了解，請對方提出費用估價。等拿到對方回覆的資料，利用評估標準進行各個候選住宿設施的評估及比較，選出最能夠實現本專案目的、基準的住宿設施。

依照上述的步驟進行採購，就算利害關係人的期望沒有完全被實現，也可達成共識。

採購管理的重點

## 事先訂定評估標準

## 品質

### 預防勝於檢查

近代的品質管理，認為「品質的達成，靠的是計畫、設計、改善，而非檢查」。

「總之，先讓成果產生，再進行檢查來提升品質」，這樣子的觀念乍聽之下似乎很合理，但從專案管理的觀點來看，卻不是最適當的。

因為一般而言，用在預防缺失的成本，會比修正缺失的成本低。

「預防勝於檢查」。

為了提升品質的管理，就要將上面這句話謹記在心。

專案管理中所說的品質，並非只和成果有關，還包括成果所需的作業步驟和內容。作業是否有效率地進行？作業內容是否不容易造成缺失？作業步驟是否便於檢驗缺失？⋯⋯等等，這些都是品質管理要檢討及確認的。

### 顧客滿意度

在專案的品質之中，「顧客滿意度」是很重要的一件事。要做到顧客滿意，需要滿足以下兩種要求：

・符合需求
・適用性

「符合需求」指的是專案的成果或服務性能、品質等，能符合專案所有者和利害關係人的需求。

而「適用性」指的是成果或服務等，能滿足專案所有者和利害關係人真正的需求。

符合需求…滿足所列的需求？
適用性…………滿足真正的需求？

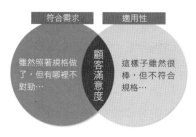

以「員工旅遊專案」為例，假設要住在「溫泉旅館」是部長提出的需求。如果只是要符合這個需求，那麼只要找到一間具備溫泉的旅館即可，不用管旅館到底是在什麼地方。可是如果每個房間的浴室都有溫泉水的旅館在大馬路旁，部長是否會覺得滿意？

如果部長想像中的溫泉旅館，有著可以讓大家一起享受溫泉的大浴池或是露天溫泉，那麼部長就會抱怨「這裡確實有溫泉，但這和我期待的溫泉旅館不一樣」。

要能掌握專案所有者和利害關係人真正的需求，並不是件容易的事。因為被徵詢需求時，要能以口頭或文字確切地傳達自己的需求。此外，即使能夠很正確地傳達需求，聽的人也不一定能夠 100% 理解。

雖然不簡單，但不可以放棄去掌握真正的需求。

為了使顧客滿意，在專案中必須要站在對方立場或觀點來理解需求的行動和認識。

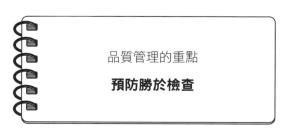

品質管理的重點

**預防勝於檢查**

## 風險

「要是發生○○…」，這種會對專案目標和作業造成影響的事項，稱爲「風險」。

例如採購對象交貨延遲，造成其他作業無法照原訂計畫進行，這個「採購對象的交貨延遲」就是風險。又例如停電一段時間，造成食品原料無法冷藏存放而腐壞，這個「一段時間的停電」就是風險。

風險與問題之間的差異，在於風險的影響不會立刻出現。但一旦風險成爲現實，專案就會受到各種影響。

爲此，專案管理不僅需要處理問題，也必須妥善地處理風險。

風險的處理方法有以下四種：

・迴避
・轉嫁
・減輕
・承受

迴避，指的是爲了避免風險的影響，而採取避免風險或去除風險發生原因，變更專案計畫的處理方式。

以「一段時間的停電」風險爲例，爲了停電時還能維持電力，所以設置家用的發電設備，這就是屬於迴避的處理方式。

轉嫁，指的是將風險造成的負面影響，移轉給第三者的處理方式。

以「一段時間的停電」風險爲例，購買可以獲賠損失金額的保險，就是屬於轉嫁的處理方式。

減輕，就是將風險的發生機率及影響程度減小到能夠承受的程度。以「一段時間的停電」風險爲例，遷移到不易發生停電的地區，或是減少原料的保管量，就是屬於減輕的處理方法。

承受，就是不進行減輕風險和迴避風險等處理方法。這是當風險難以去除或沒有恰當的風險處理對策時採用的方法。有時會預做準備，以備在風險發生時還擁有充裕的資金和時間。以「一段時間的停電」風險爲例，如果判斷就算因爲停電導致必須將原料丟棄，但損失金額不大，能夠立即再度採購，不致於影響業務進行，這時就可以選擇承受風險。

在專案管理中，必須定期調查專案的風險，檢視影響，並研究及實施風險的因應方法。

以「員工旅遊專案」為例，製作如表 4-2 的風險管理表，定期進行確認和因應。

● 表 4-2　風險管理表

| 風險項目 | 發生機率 | 影響程度 | 優先順序 | 處理方法 | 對策 |
|---|---|---|---|---|---|
| 旅遊當天下大雨或雷雨，無法照預定規劃進行高爾夫球活動 | 中 | 中 | B | 承受 | 事先尋找旅遊地點周邊的虛擬高爾夫球場並預約暫時保留 |
| 旅遊當天是雨天，影響部分觀光行程的進行 | 高 | 小 | C | 迴避 | 變更部分的觀光行程，改為下雨天也能觀光的場所 |
| 公司高層搭乘的遊覽車發生車禍，公司經營出現危機 | 低 | 大 | A | 減輕 | 進行座位的調整，讓公司高層不會全都坐在同一輛遊覽車上 |
| 員工搭乘的遊覽車發生車禍，公司業務受到影響 | 低 | 大 | A | 轉嫁 | 投保賠償旅遊事故的保險 |

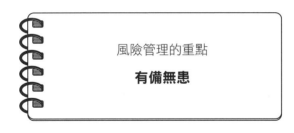

風險管理的重點

**有備無患**

## 成員與團隊的管理

### 成員的管理

評估實施專案的活動，所需的技術、經驗、人數，選出合適的執行人員。在適當的時間點，邀請人員加入專案，進行必要的訓練、支援、建立動機、團隊編組，獲得預定的成果。這些作業都屬於專案管理該進行的工作。

因為成員無法照預定提交成果，就輕易懲處，並不是適當的做法。

無法提交成果，必定存在一些原因，對於每個原因，所該採取的對策會不相同。只有一部分的原因能夠透過斥責獲得改善。

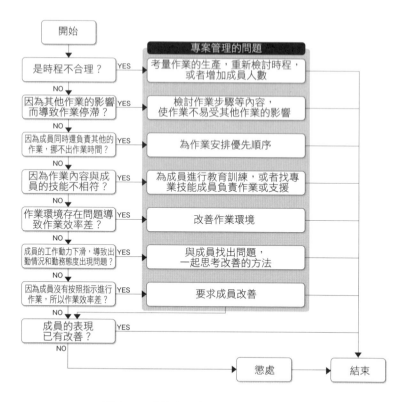

● 圖 4-2　成員交不出成果時的處理流程

## 團隊的管理

團隊裡的成員擁有出色的技能、能力，但組成團隊卻無法展現成果，這種情況的發生有下列四種原因：

### ①原因在團隊的任務

當團隊的任務不明確，或是和其他團隊的任務有許多重疊，團隊就無法獲得所期待的成果。此外，若專案內有很多團隊，會造成團隊間的協調事項增加，團隊成果就不易展現。

常常會有編制良好的團隊，結果卻沒辦法發揮期待的效果。遇到這種情形，必須檢討及進行團隊的整合、解散或重組。

團隊的任務明確，有利於團隊成員進行活動，團隊才會易於展現成果。

②原因在團隊主管

　　團隊主管要具備的能力不同於團隊成員。擔任過某團隊的主管，並不代表可以擔任任何團隊的主管。必須依照團隊的任務、人數、成員組成，來決定團隊的管理方式。

　　當團隊的主管無法恰當地管理團隊，專案經理或專案管理團隊就必須給予建議和支援。若還是沒有改善，就必須考慮更換主管。

③原因在團隊的成員組成

　　將擁有出色個人技能、能力的人員都邀集在一起，未必能組成一個最強的團隊。想要有團隊成果的展現，需要各個成員都認識自己在團隊內的作用，互相協調、合作。

　　在選定團隊成員時，專案管理團隊必須考慮、評估成員適合分配於哪個團隊。

④原因在團隊的形成階段

　　就算已經考量過上述①～③點，明確訂出團隊任務，選定主管及成員，組成了團隊，團隊也未必能從一開始就能發揮預期的作用。

　　一般而言，新組成的團隊會經過如圖 4-3 所示的四個階段。

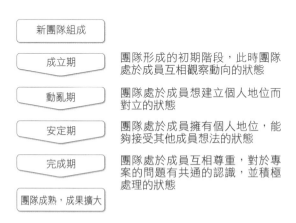

◆ 圖 4-3　團隊的養成階段

採用各種能讓團隊能夠早點進入安定期、完成期的對策，是專案經理、專案管理團隊、團隊主管的專案管理權責。

管理人力資源的重點

**專案是團隊合作**

# 第**5**章 專案控管

◆5-1　進度的確認

距離 ENCOUNT 參展的「遊戲博覽會」只剩下一個月了！

所以我想和各團隊確認一下目前的進度。

上個禮拜美術設計團隊裡有人因為感冒請假，進度有點落後，但這個禮拜應該能夠補回。

感冒也是無可奈何的事，這禮拜請多加油…

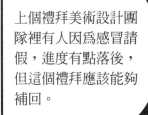

音效團隊的衝勁十足，進度超前一個星期喔！

眞的嗎!?不愧是拜島前輩！

我這邊很抱歉……程式設計團隊上星期原本計畫的作業，幾乎沒進度，現在落後非常多…

咦！怎麼一回事!?上星期也是說沒進度？作業進度的落後是主管的責任吧！

對…對不起…

中井，這不是進度會議嗎？

是啊!?所以才要這樣確認作業進行的程度…

聽著大家的進度，一會兒高興一會兒生氣，這樣並不是進度會議哦！

……！

團隊的作業落後了，或許是主管的責任沒錯。但在進度會議裡，重要的應該是掌握進度落後的原因，然後思考要如何應變。

並且思考可能會造成將來進度落後風險的因應對策。

遊戲博覽會愈來愈近了，我可以了解你的焦急，但情緒化是不對的。

小川小姐說得對，田無小姐，我向妳道歉…

低頭

你…你別這樣！

揮揮

請問田無小姐認為，作業沒辦法照著計畫進行，原因是什麼？

其實…是上個月決定的功能變更，影響的程度遠超過當初的想像…

那功能變更…是我提出來的對吧？

田無小姐，有些工作是不論怎麼努力也做不完的。

這個時候，必須要早點找人商量，不管是找中井還是找我們都可以，專案應該是大家一起推動的，不是嗎？

是…。

啪

我記得其他專案的成員裡，應該有人這個月有空。

那我先和社長確認，拜託看看有空的人能不能來支援零專案的程式設計！

給大家添麻煩了！我也會重新審視團隊裡作業的優先順序和人員配置。

不管是哭是笑，下個月就是「遊戲博覽會」了！大家互相幫忙，加油吧！

是！

「遊戲博覽會」當天——

兔與花之世界不錯耶！

我好想買！

遊戲博覽會似乎很成功呢！

對呀！體驗者的評語也不錯，讓我覺得專案的成功愈來愈近了！

不過這次又有了新的需求和問題，必須要想辦法解決…

中井！可不可以來一下？

哦！好的！

有什麼急事嗎？

該不會是這次參展成功，要給我獎勵嗎？

會議室

喉

有…有什麼事嗎？

這氣氛一點都
不像是要給我
獎勵…

大體上，參展的事算是
很成功。但現在出現了
一個問題。我剛在會場
上碰到了 GIGA 電機的
湯島董事…

GIGA 電機不就是 EN-
COUNT 遊戲銷售量數
一數二的遊戲賣場嗎？
我記得我之前也曾見過
一次湯島董事！

是在你剛加入公司時，GIGA電機舉辦的三十週年紀念酒會上吧？

對！料理很豐盛，我也被勸了很多酒⋯

所以你才喝醉了，跟湯島董事做了莫名其妙的約定？

約定!?我不記得有做過什麼約定啊⋯啊！我想起來了⋯

喔～！你是 ENCOUNT 新的專案經理嗎？請你一定要做一些能夠大賣的遊戲啊！

GIGANTO 君

是，我會的。
我超～級喜歡貴
公司的吉祥物！

是嗎？你要是那麼喜
歡 GIGANTO 君，就
把它用在你的遊戲裡
怎樣？

好的！

頹喪

說要用那個吉祥物
只不過是場面話而
已，他當眞了嗎？

好像當眞了…湯島董事看
過試玩版後，有向我表達
不滿，他說「你們的專案
經理沒遵守約定！」

GIGANTO 君

怎麼會…GIGANTO 君和「兔與花之世界」的世界觀根本不搭，而且要是現在才要加進這個變更…

GIGA電機是對零專案來說，是非常重要的利害關係人。我剛已經趕緊安排和湯島董事開會，我們直接過去談吧！
碰到這種狀況，立即行動、親自聽取對方的意見是很重要的！

我懂了！走吧！

喀噠

喀噠

後來──

呼～太好了，總算是取得了
湯島董事的諒解。
雖然專案裡多出了要在遊戲
推出首日去支援業務的作業
…

不過在專案管理的層面
上，至少有順利地解決
掉跟利害關係人有連帶
關係的問題。

唔……

加上因為參展而出現的新課
題，看來有必要重新檢討專
案計畫書呢…

還會造成大家被作業進度追著跑，忙到幾乎忘了專案目的究竟是什麼！而為了要達成目的，對於課題的處理優先順序也會變得不一樣哦！

好！為了幫助大家再次確認目的，我會準備向專案團隊成員說明專案計畫的修正內容！

是！

離遊戲的完成及專案的結束只剩下一步了！
就讓專案團隊成員們對目標有強烈的自覺，並有效率地投入工作吧！

## 適當的進度報告

同樣是進行進度的確認，確認的方式會因專案的內容、規模、時程等條件而有很大的不同。

有的專案是每個星期於指定時間集合相關人員，各自發表進度狀況。有的專案是以小時為作業進行的時間單位，一天之中要以電子郵件進行好幾次報告和確認。有的專案是一項作業要花上許多時間，短時間內不會有進度，所以每一個月或每三個月才確認一次進度。

雖然確認進度的方式因專案而異，但目的都是一樣的：

- ‧共同確認進度與專案計畫之間的差距及發生原因
- ‧共同認識可能會造成將來進度差距的風險
- ‧研究改善差距、風險應變的課題

作業進度落後的事實，不會因為斥責團隊的主管或成員而發生改變。

為什麼作業進度會落後？怎樣做才能將落後的部分補回？如果無法補回，計畫應該怎麼修正？……等等，如此將進度落後視為專案的一環，進行檢討並採取具體的行動，才能改善現況。

### 適當的進度報告

要適當地處理專案進度的落後情形，方式和弄清楚進度落後的原因是一樣的：在專案管理中，必須正確地掌握現在的進度狀況。

然而，有時團隊主管或成員沒有給出適當的報告進度，致使無法掌握當下進度。

有各種理由都會導致沒有適當的進度報告，但問題主要在於專案管理端。

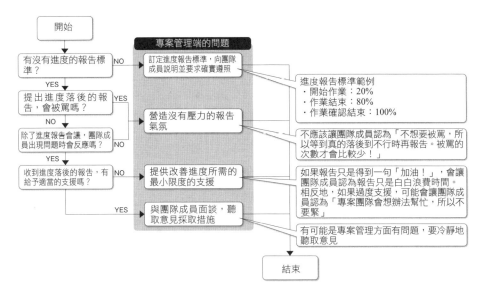

● 圖 5-1　未有適當進度報告時的處理流程

在未獲得適當的進度報告時，在責罵報告者之前，必須先想一想，是不是專案管理方面有問題。

## 面對利害關係人

有時利害關係人會在專案的最後階段才提出令人意想不到的需求事項。

有時是從未提過的需求，有時則是延伸的需求。

不管是哪種情況，利害關係人提出需求是事實，不會改變，因此就算去爭論需求有沒有經過討論，也是無濟於事。

在專案管理中，必須將需求事項記錄在文件裡，並向利害關係人確認必要性及急迫性，判斷是否要進行範疇的變更等等。

有時，需求事項已向利害關係人確認過，雖然有必要性但並不急迫，所以可以等到專案結束再另外處理。有時可以利用其他的方法來處理需求，降低需求的必要性。

有時甚至一直沒有人發現需求，但需求若不處理，就無法達成專案目標。

利害關係人突然提出的需求，是無法消失的。但是能夠藉由和利害關係人適當地交換資訊，而在早期階段挖掘出需求，便於因應。具體而言，在製作專案計畫時，就要研究和利害關係人進行資訊交換的方法、時間點，並且實施。因此在思考資訊交換的內容、時間點、方式時，必須要配合利害關係人的狀況。

有些利害關係人只要利用電子郵件定期報告專案的狀況即可，而有些利害關係人則是要採取定期拜訪以口頭說明較為恰當。

進行資訊交換時，需要專案經理的溝通能力。專案經理必須考慮到對方的狀態和感受，而採取適當的應對。

若對專案具有甚大影響力的利害關係人產生不滿，需立即前往拜訪。若這時採取的是以電子郵件回答「沒聽說這種需求」，對方的不滿將會演變成憤怒。

專案經理必須具備溝通能力。溝通能力是能夠透過學習而學會的技能，因此我建議，參與專案管理的成員，必須有計畫地學習如何溝通。

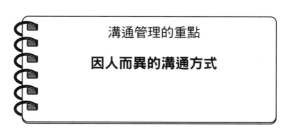

溝通管理的重點

**因人而異的溝通方式**

## 變更專案計畫

不論所擬定的專案計畫有多麼縝密，實際上專案還是會無法順利按照預定計畫進行。比如說，利害關係人提出了新的需求，造成範疇擴大、採購延誤、整體作業時程落後、風險出現造成費用增加等等。維持原來的計畫，將導致專案無法有進一步的進展，這些都是很常見的事。

無法按照專案計畫推動作業時，專案管理就應該要進行審視及檢討，適當地變更專案計畫。

若專案計畫有需要進行變更，必須明確訂出變更對象及變更內容，並將之記錄在文件中。並且在取得相關人員的認可後，向專案團隊發出變更指示。此外，經過一段期間，還要確認變更的部分是否妥當實施。

沒有人會希望專案計畫需要變更，但很遺憾，這是無法避免的事。有時計畫會因為變更而更加完善，所以不必認為變更是不好的，應該要以「這是專案所不可或缺」的心態，來處理變更的需要。

在進行變更處理時，必須注意要在專案的每個部分徹底實行。要是有進行作業的成員並不曉得專案計畫已經變更過了，將可能導致問題產生，導致又必須再次變更專案計畫。

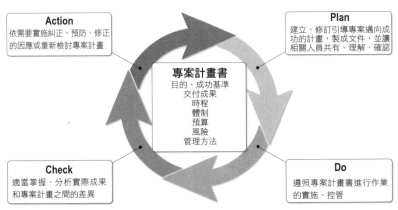

● 圖 5-3　檢討專案計畫

# 第6章 成果達成，結束專案

呼～終於可以喘一口氣了！

重重坐下

喀嚓

程式已經交出去了，接下來只要等遊戲做成產品就可以了。

嘎吱

我們的作業應該都已經告一段落了，中井那小子幹嘛還把我們都找來？

到底會是什麼事…？

什麼!?

中井，別交代奇怪的工作嘛！

笑笑

活動筋骨

對…對不起…不過，這樣能讓更多的客人知道這個遊戲，引起他們的興趣！

這也是專案的一環！

這關係到專案的成功與否，大家就再努力一下吧！

布偶裝好可愛！可以扮成恰比，我還蠻開心的！

開心

讓人想起了學生時代的校慶活動呢！

對呀！集合班上同學的力量，朝著目標邁進，想到就讓人心情激動起來了呢！

所以，校慶活動也算是一種「專案」吧？

但是同樣的攤位，有的班級可以弄得很熱鬧，有的班級卻辦不到，這是為什麼？

原因應該就在目標意識不同吧？

我認為…參與的成員，也就是同學們，是否確實共有「我們是為了什麼而擺攤」這樣的目的，是很重要的。

全班團結一致地投入，正是校慶活動真正的意義所在。因此讓同學們能抱持相同的想法，非常重要。

我的班上是由班長擔任指揮者，明確地訂出我們的目標是要讓攤位成功，因此做了很多努力，促使同學們積極參與。

也就是說，班長擔任了專案經理的角色。

到頭來，專案能不能成功，或許就是要看專案經理呢。

…不管怎麼說，我這個專案經理這麼不中用，實在是非常對不起…

鞠躬道歉

沒那回事！

大家一起走到了這裡，不是嗎？

非常謝謝大家！

支援銷售是零專案的最後一項工作了！

一起拿出行動力吧！

是——！

我們再找機會去GIGA電機的JP連結站吧!

好啊!

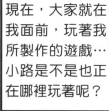

現在,大家就在我面前,玩著我所製作的遊戲…小路是不是也正在哪裡玩著呢?

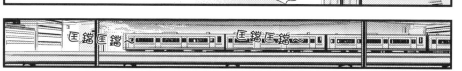

## 「解決 GPS 功能問題的更新程式」

我們會在下星期的軟體更新時,讓玩家下載修補程式。

關於我們的支援廠商所收到的關於 GPS 功能問題的詢問,

謝謝田無小姐！接著，是關於今後的時間規劃…

問題所在已經由程式設計團隊找出來了，修補程式的撰寫和測試也都完成了。

遊戲發售數個月後——

零專案辛苦各位了！在這裡我要再一次感謝各位團結一致地投入各項作業，謝謝大家！

託大家的福，兔與花之世界的銷售狀況超過了預期。
而今天也終於到了「遊戲會議」公布遊戲評分的日子。

反正都賣得那麼好了，遊戲會議的分數就沒差了。

呵，從公司的立場來看或許是不重要了，但我們可不能把零專案的目的給忘了！

是啊！零專案從一開始就是以製作「在遊戲會議取得 90 分以上的分數」為目的呢！

好，我們一起來看結果吧！

啪咔

咕嘟

## 遊戲會議

初學者專用APP介紹智慧型手機 applilikoko

| 遊戲類型選單 | 類型一覽 |  | 寫下你對這遊戲的評語 |

### 評分統計

**兔與花之世界** 評論頁

| 發行公司 | ENCOUNT 股份有限公司 |
| 發售日 | 20xx/02/03 |
| 價格 | 5,299 日圓（含稅） |
| 分級 | [A] 全年齡（CERO 分級制度） |
| 線上購買 | AMOMOZAN |
| 基本概要 | ■ 類型：動作 RPG ■ 遊戲人數：1 人 ■ 限量包裝版：7,329 日圓 |

遊戲畫面截圖

啪

滑

評分統計結果

嗒

喀嚓

…!?

# 兔與花之世界

## 評分統計

# 92 分

| 發行公司 | ENCOUNT 股份有限公司 |
| --- | --- |
| 發售日 | 20xx/12/03 |
| 價格 | 5,299 日圓（含稅） |
| 分級 | [A] 全年齡（CERO 分級制度） |
| 線上購買 | AMOMOZAN |
| 基本概要 | ■ 類型：動作 RPG　RPG<br>■ 遊戲人數：1 人<br>■ 限量包裝版：7,329日圓 |

哇

成功了!!

慢慢坐下

太…太好了…!!

中井，做得很好喔！

太棒了！中井！

這都是中井的功勞啊…！

你是個非常優秀的專案經理喔！

真是太好了！

# 延伸閱讀

## 專案即將結束之前

如果專案順利照著預定計畫進行，在專案即將結束時，專案團隊成員會逐漸減少。

在這時期，或許會沒那麼忙碌，而使得態度變得有點鬆懈。

但是在專案結束之前是不能鬆懈的。此時專案管理團隊若懂得思考並執行實現專案目的所需，但還未進行的作業，將能讓專案離成功更近。

筆者認為，只要專案團隊全部成員能夠有「我一定要讓專案成功！為了幫助專案成功，我現在應該做什麼？」的心態，成功的結果必定會伴隨而來。

## 最後的專案作業

專案成功與否的判斷只看結果。專案經理要能坦率接受專案成功或失敗的結果，並具有責任及義務將結果告知專案團隊成員。

但不論結果為何，都不能忘了要慰勞眾人的辛苦。成功是成員們合作的結果，失敗則是專案管理不完備、不足的結果，失敗的責任並不在成員身上，而在於專案經理。

專案的最後一項作業，就是專案經理必須和專案團隊成員一起回顧、檢討專案過程。

就算專案的結果是成功的，也不代表所進行的專案管理就是完美的。針對應該改善的問題做反省，可以運用到未來的其他專案中。

如果專案並沒有成功，回顧專案的過程或許會讓人感到痛苦，但從失敗中能夠學到很多事情。就算專案失敗了，還是應該針對做得好的部分，大方地給予正面評價及讚賞。

　　回顧並檢討結果，能夠活用於未來的專案管理體系，對專案經理有所助益。

嗯……這計畫還不行。
第一，這內容看不出是否反映了專案所有者的期望…

不過，這的確是一份非常有吸引力的企畫！我批准這個專案的實施。

是…是嗎？

非常謝謝妳！

話說回來，兔與花之世界的氣勢很驚人呢！

靠的是大家的努力！

真的成了我們公司的代表作！

你看…我要不要親你一下當作是獎賞啊？

咦！

小零！

發現有同人遊戲的內容就跟以前小零寫在筆記本裡的一樣，

而且作者竟然就叫做「零男」，我嚇了一大跳，我想，一定是小零不會錯的！

知道是我，妳應該從一開始就告訴我啊！

呵，那樣就不好玩了啊！

對了，怎麼辦？要不要親你一下……

附 錄　婚禮專案管理！

不知大家是否有意識到，在現今的社會，除了工作，生活中有各式各樣和專案管理有關的情形。對於這些發生在生活裡的事件，可以運用專案管理的知識，使得成果更加完美。

像許多人都會經歷的婚禮，算是一種專案。在附錄中我們要介紹的，就是要如何進行專案管理，以使婚禮專案成功。

這個章節是為了幫助讀者能輕鬆明白專案管理而舉例，不可拿來照本宣科，筆者無法保證婚禮專案的成功或失敗。

在讀者要進行婚禮專案管理時，請記住必須根據專案本身獨特的目標、期望、限制條件等，來擬定專案計畫，並依照專案計畫進行專案管理。

## 婚禮專案

婚禮對於女性，通常是個自小以來的夢想，對男性而言，則是邁入另一個人生階段的儀式。因此，婚禮的主角是女性，男性只算是配角。然而，如果男方沒有幫忙進行婚禮的各項準備、協調兩方家人、估算婚禮費用等等，後半輩子將會聽女方不斷抱怨。反之，男方若能夠把婚禮做良好安排，就能大幅提升女方及親屬的信賴，等於在婚姻生活的開始就有好兆頭。

可見，婚禮根本就是一個只准成功不准失敗的專案！

為了將人生中的一大專案導向成功，我們應該如何運用專案管理呢？

### 1 構思、規劃專案

求婚並確認雙方有結婚的意願之後，婚禮該怎麼準備呢？要做的事有一大堆，包括拜訪雙方父母、下聘、選擇婚禮會場、婚紗等等，相信很多人都是先從選婚戒或婚紗這些切身的事情開始。

以「使婚禮成功」的專案管理觀點，則是要依照下列步驟，進行檢討及作業。

註：本附錄是筆者根據自身經驗，從男性的角度敘述在日本結婚的一般籌備婚禮狀況。

①掌握整體感

②訂出明確目的及成功基準

③構思婚禮

④訂定明確的體制（＝利害關係人）

⑤收集、整理需求事項

⑥進行作業的調查

## ①掌握整體感

相信大多數人都有過出席婚禮的經驗，但構思、計畫婚禮，卻從未有過。

首先，婚禮究竟是什麼？是什麼樣的形態？有哪些作業？要按照什麼樣的步驟進行？要從收集計畫、推動婚禮專案所需的各種資訊開始嗎？什麼作業較為複雜？需要多少準備時間？費用多少？婚禮應該進行的相關事項有哪些？等等。

一個婚禮大致包括：提親、下聘、買婚戒、蜜月旅行、到公所辦理結婚登記、喜宴等。

你可以向舉辦過婚禮的前輩、朋友、兄姐等人，詢問他們的經驗，還可以從專門的婚禮書籍、雜誌、網路上的資訊等來掌握婚禮的整體感。

專案具有獨特性，所以就算照著別人曾經舉辦婚禮的方式，依樣畫葫蘆進行，也未必能成功。但藉由認識各種資訊，漸漸可以了解在進行婚禮專案時需注意的事項。

在失敗者的經驗談裡，更常常會隱藏著重要的資訊，例如：

「沒考慮到○○，親戚們很生氣。」

「做了○○，卻讓來賓們感到不愉快。」

「做了○○，結果和她吵架，忍不住脫口而出不要結婚了。」

## ②訂定明確目的及成功基準

由雙方一起決定舉行婚禮之目的及成功基準。

如前所述，在專案中所應進行的作業，視專案目的及成功基準而不同，因此從專案管理的觀點，明確將目的、成功基準訂出是非常重要的。

舉行婚禮目的，舉例來說包括：

「招待關照過自己的人。」

「讓養育自己的父母親，看看自己穿上結婚禮服的樣子。」

「婚後將以夫妻的身份展開新生活，所以用婚禮做為分水嶺。」

至於婚禮的成功基準，可能無法如同工作專案一般，可以用數字來表現，因此可能的目標有：

「出席婚禮的人表示，能來參加婚禮，真是太好了！」

「讓她能由父親牽著，走過婚禮的紅毯。」

舉辦婚禮所需要的準備非常多，有時忙起來會讓人覺得結婚很麻煩，可能會造成不想舉辦婚禮、甚至不想結婚的念頭。把婚禮中要進行的事項出來，可能會發現超出預算，而必須將某些事項捨棄等等。

這時，可以回想結婚目的及目標，就能找回動力，繼續前進。

雙方的心態不該是「因為要結婚，所以舉辦婚禮」，而是要一起思考、確認舉辦婚禮是為什麼（＝目的），婚禮可以讓雙方獲得什麼（＝成功基準），這是邁向婚禮專案成功的第一步。

（參考章節）

「1-3　專案目的與成功基準」P.17

第 1 章　延伸閱讀「將目的和成功基準明確化」P.34

### ③構思婚禮

雙方一起依照結婚專案目的和成功基準，對婚禮進行基本構想、注重事項等探討。

「婚禮要選擇傳統形式還是教會形式？」

「喜宴要盛大舉行還是只邀請親屬參加？」

「要注意預算，還是盡可能符合雙方的期望？」

「喜宴的菜單裡希望要有○○菜！」

令人遺憾的是，在這個階段的構思，不一定都能完全實現，常常會因為其他利害關係人的要求和限制條件，而必須重新檢討，筆著在後面會詳述。

若此時身為最重要利害關係人的兩位新人，想法不能一致，可以說婚禮專案的成功已經亮起了注意的黃燈。

### ④訂定明確的體制（＝利害關係人）

必須明確訂定婚禮專案計畫的主要體制（＝利害關係人）。

體制如下：

## · 專案所有者

以決定要結婚的雙方決定結婚並想要舉辦婚禮這樣的觀點出發，專案所有者應該是新郎和新娘雙方。從新郎的角度來看，新娘才是真正的專案所有者。

在一般專案中，發起專案並提供專案資金或資源的人，是專案所有者，實現專案所有者的要求，則是專案目的。

婚禮的舉辦費用，可能是由新郎和新娘平分，或是由新郎出大部分，但筆者認為，若新郎的目的設定是要讓新娘幸福，那麼以新娘做為專案所有者，能讓專案進行更為順利。

## · 專案經理

計畫、推動婚禮專案的專案經理，通常就是新郎和新娘。

既然新娘是專案所有者，專案經理當然就交由新郎來擔任。專案經理必須要能夠以實現專案所有者的期望為目標，以寬廣的視野縱觀專案，進行各種調整，並計畫、推動專案。

雖然如此，但專案並不是由新郎一個人獨力管理。新娘和婚禮會場人員會支援專案的管理。專案經理的任務，則是凝聚每個人的心，帶領專案邁向成功。

## · 專案團隊成員

大多數的婚禮，新郎和新娘除了身為專案所有者和專案經理，還會兼任專案團隊成員，要各自負責準備作業，並擔任婚禮的主角。

所有的作業並不是完全由新郎和新娘兩個人做，婚禮會場人員、親友、父母都會幫忙。依照婚禮的形式和規模，初期先找到幾個幫手即可。

## · 其他利害關係人

在擬定專案計畫時，第一件事是要收集、整理利害關係人的需求事項。在婚禮專案中，主要的利害關係人包括：

### 新郎新娘的父母或長輩

依據日本法律規定，同意結婚的雙方若為成年人，不需父母親同意即可結婚，但每個人都會希望結婚時能獲得雙親的祝福。若專案目的之一是「讓養育自己長大的父母親，看看自己穿上結婚禮服的樣子」，沒有獲得父母親同意就結婚，這個婚禮專案的結果，應該是可想而知的。

### 其他親屬

在日本，結婚不只是男女雙方的事，而是兩個家族的結合，因此有必要採納親屬的意見。

### 介紹新郎新娘認識的人

如果男女雙方是透過相親或是介紹而認識的，那麼在正式決定結婚（定婚約）之後，必須跟介紹人告知並及道謝。如果介紹男女雙方認識，但最後卻從別人那裡得知結婚的消息，雖然會替新人感到高興，但不免會覺得受到冷落。

### 和新郎新娘工作相關的人

考慮到日後會繼續受到同事的關照，告知公司個人結婚的訊息，是很重要的一件事。如果雙方是同公司的員工，在決定婚禮招待公司同事的人選時，應先告知上司等人，經過討論再做決定。

### 其他預定邀請參加婚禮的人

收到婚禮邀請的人，大多會想要出席婚禮，祝福新人，但如果婚禮的舉行日期時間沒考慮到受邀者的方便，受邀者就可能無法出席，甚至雖然勉強參加，卻在私底下抱怨。

（參考章節）
「1-5　何謂利害關係人」P.23
第 1 章　延伸閱讀「利害關係人的任務分類」P.37

### ⑤收集、整理需求事項

明確列出主要的利害關係人，並向利害關係人確認對結婚及婚禮的意見、期望。

婚禮的進行並不是照著新娘新郎雙方的意見，也不是只要雙方同意就好。進行婚禮專案時，若無視利害關係人的意見和想法，往往會導致發生重新檢討婚禮的進行或舉辦日期等重大問題。

因此，一開始就要先確認利害關係人的需求事項，如果有必要，可以重新檢討婚禮目的、、構想等。

可向下列利害關係人確認意見及期望：

## 新郎新娘的父母親、長輩

在大多數的婚禮專案中，最重要的利害關係人，就是新郎新娘的父母親。男女雙方結婚，必須徵得父母親同意，再詢問他們的需求。對男方來說，要告知女方的父母親雙方決定結婚，尤其需要非常大的勇氣。有時獲得女方父母親同意，需要多次努力，但逃避只會使專案不成功。為了獲得女方父母親的信賴，請用真摯的態度，懇請父母親准許雙方結婚。

在順利獲得雙方父母親同意之後，還不能就此安心，接著還要詢問父母親對婚禮的意見和期望。如果有些意見是源於地方習俗或家庭背景，請務必好好處理，不可輕忽。

有時，新人想要在國外舉行婚禮，只想邀請親屬參加喜宴，卻因為父親的工作關係等原因，而不得不舉行盛大喜宴。或者是因為親戚大多住在比較遠的地方，所以喜宴場所必須以親戚方便為主。

男女雙方的父母親，有時提出的要求會互相違背，這時請務必逐一確認所有需求事項。

## 和新郎新娘有工作關係的人

如果新郎新娘並非同公司，公司通常不會對員工的結婚提出特別的要求。但可能會希望新人的婚禮和蜜月旅行，要避開公司業務的繁忙期，或是在選擇喜宴的商品，要優先考慮和公司有業務往來的產品等。

有時一些特定的婚禮會場，與公司有業務往來，因此能夠以優惠價格租用，這時可以先詢問上司的意見和前輩的經驗。

（參考章節）
「2-2　需求事項的收集、整理」P.50
第 2 章　延伸閱讀「需求事項」P.66

## ⑥進行作業的調查

收集、整理利害關係人的需求事項，接著要知道怎樣的成果與作業，可以實現專案目標，滿足需求事項。

若女方家庭希望男方家庭帶著聘禮到新娘家下聘，必須將下聘的計畫與實施辦法，納入婚禮專案的作業範圍。

如果婚戒還沒購買，從管理整體預算的觀點，也可將購買婚戒納入婚禮專案的作業範圍。

另外，如果蜜月旅行與婚禮是分開進行，蜜月旅行的準備工作，就不必納入婚禮專案的作業範圍。

這樣明確訂定出婚禮專案所需的成果與作業，再繼續探討細節，以方便管理。如此一來，應該會發現舉辦婚禮要準備非常多的東西，作業也很繁瑣。

如果在細分作業裡出現了遺漏，可能導致婚禮進行不順利，所以細節作業頗為重要。但我們並不需要太過擔心，大部分情況中，細節作業會有婚禮會場人員等協助、負責進行。如果雙方打算自己安排喜宴，或是打算展現創意，則必須預先思考作業的細節。

細節可以詢問有過婚禮舉辦經驗的前輩、朋友、兄姐等意見，或是參考專門婚禮書籍、雜誌、網路資訊等。

（參考章節）
「2-3　作業的調查」P.58
第 2 章　延伸閱讀「範疇與 WBS」P.67

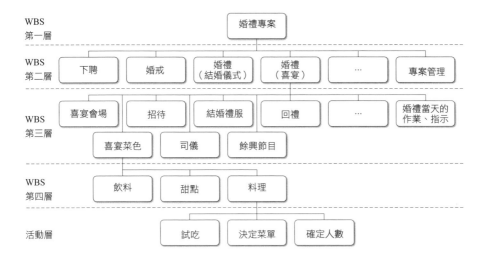

## 2 計畫專案

像這樣明確找出結婚專案應進行的作業，接著要開始具體思考作業步驟、實施時期、作業人員等，以擬定專案計畫書。

進行的步驟如下：

①安排作業程序，估計作業時間
②規劃作業時程
③估計成本
④製作專案計畫書

### ①安排作業程序，估計作業時間

這一步驟，是要整理可令婚禮專案成功，所需作業（活動）的程序。

活動的程序大致符合常理，但會因婚禮目的、構想、利害關係人的要求而稍有變化。

例如，如果婚禮儀式和喜宴，是在同一個會場舉行，那麼作業程序就是，先選擇婚禮會場，再決定要什麼樣的儀式風格，哪一間喜宴廳，再來決定喜宴的菜色。

但由於婚禮目的在於招待賓客，所以有些比較注重菜色的人，會從菜餚內容來選擇婚禮會場。

例如，有些人認為○○飯店的烤牛肉令人讚不絕口，因此想要讓賓客品嚐，就選在那間飯店舉辦喜宴。

有些人則是把喜宴安排在知名餐廳舉辦，婚禮儀式則另外到教會或神社舉辦。

估計各項活動所需的時間，包括賓客的座位安排等。有時這些活動可以快速決定，有時則需要與雙親家人等商量，會比較耗費時間。如果很重視禮服的選擇，可能就要試穿很多次才能下決定。

（參考章節）

「3-1　活動順序與時間估計」P.70

第 3 章　延伸閱讀「活動」P.87

## ②規劃作業時程

結束活動順序及估計活動時間的規劃，接下來是規劃作業時程。這裡有一點必須注意，就是婚禮活動的專案團隊承辦成員，就是結婚的新人，所以如果平常工作很忙，抽不出時間，準備活動就會變成大多在週末進行。此時，如果以為距離婚禮還有一年，大可放心，往往會導致拖延而出錯。

像是與婚禮會場需要多次開會，此時為了工作效率，可能必須重新評估活動的順序，讓開會協調可以盡量安排在一起來討論。

若新人其中有一個人平日比較忙碌，可能另一個人必須先進行可以獨力完成的作業。

（參考章節）

「3-2　時程規劃」P.76

第 3 章　延伸閱讀「規劃時程的注意事項」P.89

## ③估計成本

根據婚禮構想，估計婚禮整體成本。

如果還沒有決定婚禮會場的地點，就不能事先估算具體的費用，所以費用只能先預估。此時不妨詢問舉辦過婚禮的前輩、朋友、兄姐等人，從他們提供的經驗，或是專門的婚禮書籍、雜誌、網路等，獲得相關資訊，以拿捏大致的費用。

接著是要掌握能夠使用在婚禮專案的結婚資金。新人並不需要預先準備好婚禮所需的全部費用，舉辦喜宴時，通常都會收到禮金。有時候父母親會援助一部分資金，再加上雙方的部分存款等等，都可以算是結婚資金的一部分。

如果預估費用遠超過結婚資金，就必須重新檢討整個婚禮構想。有些人會因此將婚禮延期到資金準備足夠，再舉辦婚禮。

其他沒有納入婚禮專案的事項，也會需要用到錢，如果把全部的資金都拿去做結婚資金，日後會產生問題。諸如搬家費、購置家具費等，都需要花錢。另外蜜月旅行的費用也需要預留。

如果要求所有婚禮細節，需要的金額可能無上限。這樣說可能會讓人夢想破滅，但為了讓婚禮專案離成功更進一步，新人雙方和利害關係人應該盡量減少比較不重視項目的成本。

（參考章節）
「3-3　成本估計與預算編列」P.79
第 3 章　延伸閱讀「估計成本的方法」P.91

④製作專案計畫書
對於婚禮想到的所有內容，建議歸納、記錄成專案計畫書。想要落實計畫，必須化為文字記錄。例如，如果想請雙親援助結婚資金，但新人卻弄不清楚費用項目和不足的金額，雙親會認為新人不具備生活能力，不值得信任。

計畫書並不需要幾十頁，只要寫清楚主要的項目，包括雙方所決定的事項、所調查的事項、所設想的事項即可。

（參考章節）
「3-4　製作專案計畫書」P.82
第 2 章　延伸閱讀「專案計畫書」P.63
第 3 章　延伸閱讀「製作專案計畫書的注意事項」P.93

## 3 執行專案作業

在雙方取得了父母親同意結婚，婚禮專案的專案計畫書初步也完成了，接著便要依照計畫，著手進行作業。本書曾介紹過如何召開專案啟動會議，但婚禮的主要專案成員，是要結婚的兩位新人，所以兩個人可以舉辦簡單的慶祝會，宣誓今後共同合作的決心。

（參考章節）
「4-1　專案作業啟動」P.96
第 4 章　延伸閱讀「專案啟動會議」P.129

一些婚禮的專案作業內容如下：
①選擇結婚會場
②安排喜宴的餘興節目
③思考婚禮專案的風險
④整合專案團隊的意識

## ①選擇結婚會場

選擇結婚會場，屬於專案管理的「採購」。下面有三個採購重點，有助於專案成功：

・把採購項目明確化
・候補採購項目
・明確訂定候補採購的評估標準

如果不依照這三個重點進行採購，會像隻無頭蒼蠅般不知如何選擇婚禮會場，尋找的過程可能使雙方發生口角。

如果婚禮想要將舉辦結婚儀式和喜宴場所合而為一，採購的目標就會是同時能夠舉辦結婚儀式和喜宴的場地，如結婚會場或飯店等。如果結婚儀式想要另外在教會或神社舉辦，那麼採購目標只要是可以進行喜宴的飯店或餐廳等。

尋找候補的採購項目時，如果是沒有計畫、亂找一通，不過徒增時間花費而已。像是喜宴會場，如果不能容納預定出席人數、提供所期望的料理、符合預算，這樣的餐廳評估沒有意義。

一直閱讀餐廳指南或瀏覽網頁，無法讓作業有效進行，必須先決定大致的條件，再開始尋找候補對象。

如果沒有事先確定候補採購項目的標準，就無法做出最後決定，這樣可能

導致無法判別的結果。以結婚儀式的禮拜堂來看，A飯店比較好；以喜宴會的設備來看，B婚禮會場比較好；以整體的豪華度來看，C飯店勝出。

只看採購項目的個別優點，無法決定應該如何選擇。如果預算足夠或許還可以找到能滿足新人所有條件的婚禮會場，但結婚資金畢竟是有限的。

這時，請拿出專案計畫書，重新審視裡面所寫的婚禮專案目的和目標、利害關係人的需求、雙方注重什麼，判斷雙方最重視的部分，然後以評估標準進行比較，這麼一來就可以很快決定採購項目。

（參考章節）
「4-2　管理採購」P.102
第4章　延伸閱讀「採購」P.130

## ②安排喜宴的餘興節目

若委託出席喜宴的同事，或學生時代的友人，進行致詞或表演餘興節目，原則上內容是由對方自行決定。致詞或餘興節目通常會以和新郎新娘有關的話題，或能炒熱喜宴氣氛的內容為主。

然而，參加婚禮的親戚和來賓，並不是每個人都能接受這些致詞和餘興節目。有時致詞雖然是出於好意，但由於過於冗長，往往導致聽眾頻打哈欠，造成冷場的情形。有時則因為學生時代的好友，交情過火的表演，反而令來賓感到不愉快的事。

如果是自己的親戚覺得不愉快，還不用那麼擔心，但要是讓對方的親戚或來賓感到不愉快，個人的信賴感可能因此受到損害。

為了避免發生這樣的慘事，請謹記「預防勝於事後檢討」。對於平常說話會花比較長時間的人，請對方準備的致詞時間，要比預定的致詞時間還短，並且要事先提醒一些不該提及的內容。對於可能會過火的餘興節目，男方在安排時就需先說明希望節目內容，或發言要顧慮女方親戚及來賓，這些都是可以預防的做法。

為了獲得期望的喜宴品質，行動時必須謹記「預防勝於事後檢討」。

（參考章節）
「4-3　管理品質」P.107
第4章　延伸閱讀「品質」P.132

### ③思考婚禮專案中的風險

婚禮專案會存在什麼樣的風險呢？

因為工作忙碌，無法及時在婚禮前完成送給婚禮出席者的手工禮品，新郎的謝詞稿還沒寫出來，健康狀況不好……這些都是常有的事，還有飛機因為天候不佳而停飛，導致預定搭飛機過來的親戚無法出席。

工作忙碌的風險可能無法迴避，但若能事先安排婚禮日期，避開工作繁忙期，就能將風險降低。

關於禮品無法及時完成的風險，就是不要輕易承諾親自動手做，不如交給專業公司，雖然比較花錢，但可以迴避這個風險。

關於從遠地過來的親戚，因為天候惡化而無法出席的風險，若能夠請親戚提前出發，或者選擇其他交通工具，這樣就能降低風險。

當風險成為事實，新郎和新娘就要傷腦筋了。為了在婚禮當天能夠以喜悅的心情面對婚禮，請盡可能預想並擬定風險對策。

（參考章節）

「4-4　管理風險」P.113

第 4 章　延伸閱讀「風險」P.134

### ④整合專案團隊的意識

婚禮專案主要的專案團隊成員，是要結婚的兩位新人。

對新人而言，婚禮的準備作業可能是有生以來第一次，所以剛開始還會覺得有趣。

但隨著準備作業的進行，到外界開會或待在家裡進行準備工作，事情變得越來越多，兩人不再快樂約會或閒聊，有時會引起婚前恐懼症。

為了避免演變成這種情況，身為專案經理的新郎，有時應該把準備結婚的事情忘掉，安排一些能夠盡情享受的週末約會。

為了讓專案團隊成員能以源源不絕的動力，有效率地投入專案作業，營造完善的環境，激勵成員，都是專案經理的管理任務。

（參考章節）

「4-5　專案團隊的管理」P.117

第 4 章　延伸閱讀「成員與團隊的管理」P.135

## 4 管理專案

新郎身為婚禮專案的專案團隊成員，必須進行婚禮的準備作業，但不能忘記自己同時是專案經理。既然負責專案管理，專案經理必須進行下列作業：

①確認進度

②向利害關係人說明

③檢討專案計畫書

## ①確認進度

專案經理必須定期確認專案作業的進度。

以新郎自己參與的作業，或許可以掌握進度，但對於新娘全權處理的作業狀況，或許就沒辦法掌握。而對新娘來說，或許她對新郎所負責的作業也不了解。

有時，雙方會太專心於某項作業，而忘了專案整體的狀況。

為此，雙方必須一起根據作業時程，確認各項作業的狀況。對於進度明顯落後的作業，必須共同擬定對策。

如果新娘看過許多款式婚紗，卻無法決定如何選擇，新郎這時就必須一起到婚紗店，協助新娘做出判斷。

對於超過回覆期限仍未收到回覆，應直接與對方聯絡，確認是否會出席。

即使準備作業進度落後，不能責備新娘，可能時程本來就有問題，可能進度落後並不是新娘的責任。身為專案經理的新郎必須牢牢記住，確認進度目的是為了擬定所需的對策，而不是要責備對方。

（參考章節）

「5-1　進度的確認」P.140

第 5 章　延伸閱讀「適當的進度報告」P.154

## ②向利害關係人說明

專案經理必定期與利害關係人聯絡，說明專案的作業情形。

在婚禮專案中，必須定期與最重要的利害關係人，也就是新郎新娘的父母親聯絡，告知目前的進度。

「我們想要選在○月○日星期六舉辦婚禮。」

「選在○○婚禮會場可以嗎？」

「喜宴的菜色，我們想要挑選傳統法國料理，以烤牛肉為主菜。」

只要滿足利害關係人事前提出的需求事項，就不會出現強烈否定的情況。但若是發生利害關係人事前忘記提出需求事項，或新人並未了解利害關係人所提出的需求重要性，或許會需要將已定計畫拿出來重新檢討。

例如，若利害關係人的答覆如下：

「○月○日星期六那天是大凶，怎麼可以選那天辦婚禮！」

「○○婚禮會場位在交通不太方便的地方，對於遠地來參加婚禮的親戚會造成不便，還是改選交通方便一點的地方吧！」

「來參加婚禮的親戚，多半上了年紀，不喜歡吃牛肉，改成魚好嗎？」

或許你心裡會想「這是我們好不容易才決定的！」但若婚禮當天使親戚感到不愉快，或是主菜不受人歡迎，還不如事先應變。

（參考章節）
「5-2　向利害關係人說明」P.145
第5章　延伸閱讀「面對利害關係人」P.155

## ③檢討專案計畫書

婚禮專案中，常常會發生利害關係人改變需求事項、專案作業範圍擴大、因預算限制而重新檢討等。重新檢討專案計畫時，必須先了解變更的影響範圍，再考慮是否變更。

例如，若要更改訂婚禮會場的時間，有時可能會被索取場地的取消費用，而且印好的喜帖也必須要重印。

如果不打算換結婚會場，而考慮要準備接駁車，到車站或機場迎接從遠地來參加的親戚，這時就會多出安排接駁車的作業。

專案的變更經常發生，因此不必不安或氣餒，而是要思考「如何讓專案向成功更邁進一步的因應措施」，以進行變更作業。

（參考章節）
「5-3　檢討專案計畫書」P.151

第 5 章　延伸閱讀「變更專案計畫」P.157

## 5 成果達成，結束專案

以婚禮專案的情況而言，婚禮的前置準備作業，需要花費很長的時間，但婚禮則大多在一天就舉行完畢，因此，專案的成功與否就決定在這一天。

為了讓專案最後能得到成功，婚禮舉行前後，都有必要進行一些最終作業：

①婚禮前一天
②婚禮後的反省

### ①婚禮前一天

在這個時間點，所有的準備作業理當都已經完成，但記得不要忘了進行最終確認，將婚禮當天要帶去的東西先準備好。還有一點時間的話，可以練習一下新郎致詞。

就算所有的準備作業都已完成，是否順利還是要看婚禮當天的狀況。在婚禮當天，新郎新娘是主角，盡情享受一生之中接受最多祝福的日子，並盡心招待賓客，使婚禮專案成功，因此前天要好好休息，調整身體狀況，是新郎新娘的最後一項準備作業。

（參考章節）
「6-1　專案作業的結束」P.160
第 6 章　延伸閱讀「專案即將結束之前」P.173

### ②婚禮後的反省

婚禮當天，不斷有人向兩位新人祝賀，在作夢一般的感覺中，一下子一天就過完了，相信大家都有這樣的感受。

婚禮之後，身為專案經理的新郎，要做三件事。

第一件事是確認成果。在婚禮專案中，成果如何，要詢問專案的實際所有者，也就是新娘。雖然婚禮成功與否，包括婚禮專案目的和成功基準等是否達成，但只要新娘認為「這場婚禮真是太棒了」，那麼就可以說專案是成功的。

第二件事，要向專案團隊成員表達感謝之意。新郎要向婚禮會場人員、上台致詞及表演餘興節目的人，以及給予多方面協助的最重要利害關係人——雙方的父母親表達感謝。最後，則要對準備作業的最大功臣，也就是新娘和新郎自己，好好稱讚：「你們真的非常努力！」

最後一件事，是要反省整個專案的過程。在準備過程中，或許會出現沒辦法按照預定計畫進行的部分，或是預料之外的問題、應該反省的事、令人感到後悔的事等等。

或許有人會認為，既然婚禮已經辦完了，反省還有意義嗎？然而，我們能夠因為反省而發覺缺失，可以事後彌補，例如打電話向婚禮進行中感到不愉快的出席者致歉，或許可以改變對方的印象。

當日後朋友和後輩詢問婚禮意見的時候，這些失敗和反省的事，就會變成有用的資訊。

收集這些有用的資訊，能夠建立婚禮專案的專案管理知識體系。

（參考章節）
「6-2　專案的成果確認與反省」P.166
第 6 章　延伸閱讀「最後的專案作業」P.173

國家圖書館出版品預行編目資料

世界第一簡單專案管理 / 広兼修作 ; 陳銘博譯.
-- 初版. -- 新北市 : 世茂, 2014.1
　面 ；　公分. -- （科學視界 ; 165）

ISBN 978-986-5779-12-2（平裝）

1.專案管理

494　　　　　　　　　　102019986

科學視界 165

# 世界第一簡單專案管理

作　　者／広兼　修
譯　　者／陳銘博
主　　編／陳文君
責任編輯／廖原淇
出 版 者／世茂出版有限公司
負 責 人／簡泰雄
地　　址／（231）新北市新店區民生路 19 號 5 樓
電　　話／（02）2218-3277
傳　　真／（02）2218-3239（訂書專線）
　　　　　（02）2218-7539
劃撥帳號／19911841
戶　　名／世茂出版有限公司　單次郵購總金額未滿 500 元（含），請加 50 元掛號費
世茂官網／www.coolbooks.com.tw
排版製版／辰皓國際出版製作有限公司
印　　刷／世和印刷事業有限公司
初版一刷／2014 年 1 月
　三刷／2018 年 7 月

I S B N ／978-986-5779-12-2
定　　價／280 元

Original Japanese edition
Manga de Wakaru Project Management
By Osamu Hirokane and TREND-PRO
Copyright © 2011 by Osamu Hirokane, TREND-PRO
Published by Ohmsha, Ltd.
This Chinese Language edition co-published by Ohmsha, Ltd. and ShyMau Publishing
Company Copyright © 2014
All rights reserved

# 讀者回函卡

感謝您購買本書，為了提供您更好的服務，歡迎填妥以下資料並寄回，
我們將定期寄給您最新書訊、優惠通知及活動消息。當然您也可以E-mail：
Service@coolbooks.com.tw，提供我們寶貴的建議。

## 您的資料（請以正楷填寫清楚）

購買書名：＿＿＿＿＿＿＿＿＿＿＿＿＿＿＿＿＿＿＿＿＿＿

姓名：＿＿＿＿＿＿＿＿　生日：＿＿＿＿ 年 ＿＿ 月 ＿＿ 日

性別：□男 □女　E-mail：＿＿＿＿＿＿＿＿＿＿＿＿＿＿

住址：□□□＿＿＿＿縣市＿＿＿＿＿鄉鎮市區＿＿＿＿＿路街
＿＿＿＿段＿＿＿巷＿＿＿弄＿＿＿號＿＿＿樓

聯絡電話：＿＿＿＿＿＿＿＿＿＿＿＿＿＿

職業：□傳播 □資訊 □商 □工 □軍公教 □學生 □其他：＿＿＿

學歷：□碩士以上 □大學 □專科 □高中 □國中以下

購買地點：□書店 □網路書店 □便利商店 □量販店 □其他：＿＿＿

購買此書原因：＿＿ ＿＿ ＿＿ ＿＿ ＿＿（請按優先順序填寫）
1封面設計　2價格　3內容　4親友介紹　5廣告宣傳　6其他：＿＿＿

本書評價：＿＿ 封面設計 1非常滿意 2滿意 3普通 4應改進
＿＿ 內　　容 1非常滿意 2滿意 3普通 4應改進
＿＿ 編　　輯 1非常滿意 2滿意 3普通 4應改進
＿＿ 校　　對 1非常滿意 2滿意 3普通 4應改進
＿＿ 定　　價 1非常滿意 2滿意 3普通 4應改進

給我們的建議：＿＿＿＿＿＿＿＿＿＿＿＿＿＿＿＿＿＿＿＿＿
＿＿＿＿＿＿＿＿＿＿＿＿＿＿＿＿＿＿＿＿＿＿
＿＿＿＿＿＿＿＿＿＿＿＿＿＿＿＿＿＿＿＿＿＿

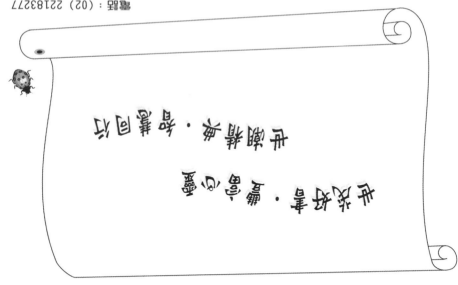

電話：(02) 22183277
傳真：(02) 22187539

廣告回函
北區郵政管理局登記證
北台字第9702號
免貼郵票

231新北市新店區民生路19號5樓

世茂
世潮 出版有限公司 收
智富

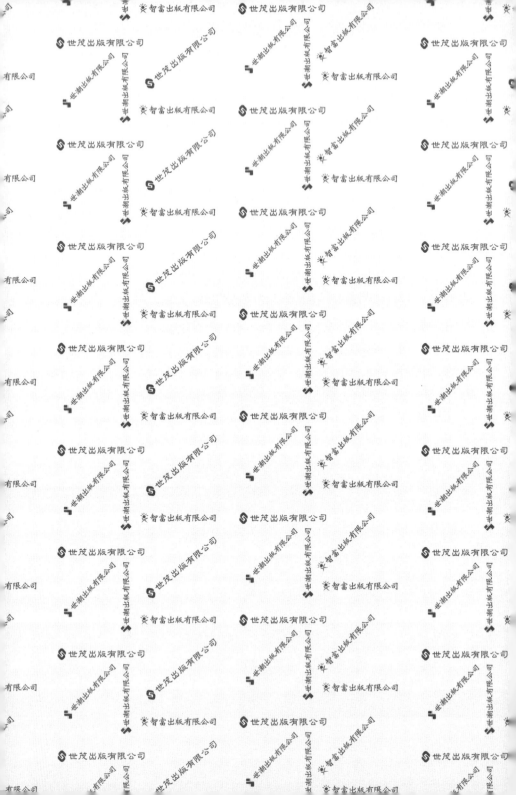

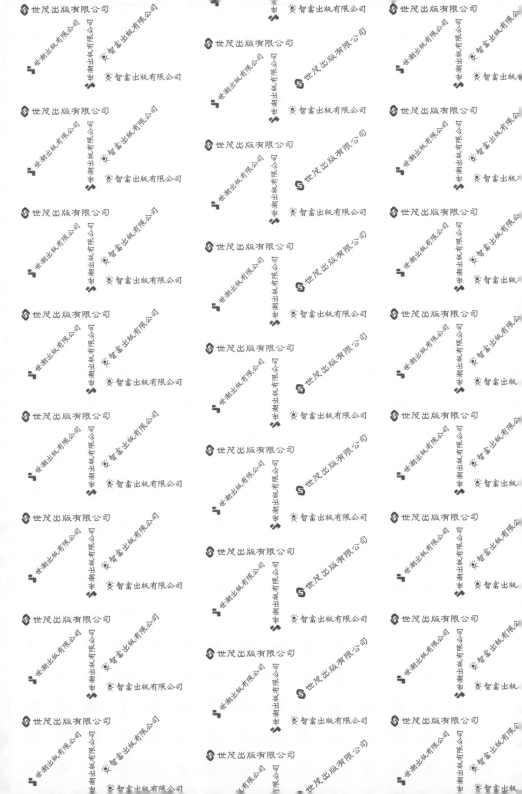